*Sous presse :*

## PATHOLOGIE UNITAIRE

---

La **Théorie de l'Unité vitale** comprendra quatre parties :

**Physiologie unitaire.**
**Pathologie unitaire.**
**Thérapeutique unitaire.**
**Vie universelle.**

La première partie forme ce volume; la seconde partie est sous presse; les deux autres paraîtront successivement.

Versailles. — Imprimerie BEAU, rue de l'Orangerie, 36.

DÉPOT LÉGAL
Seine & Oise
133
69

# THÉORIE
DE
# L'UNITÉ VITALE

PAR

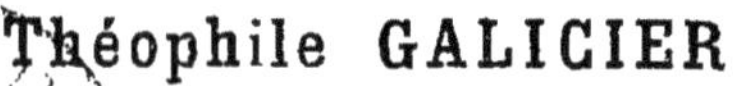

**Théophile GALICIER**
DOCTEUR EN MÉDECINE
De la Faculté de Médecine de Paris.

> Aussitôt qu'une pensée vraie est entrée dans notre esprit, elle jette une lumière qui nous fait voir une foule d'autres objets que nous n'apercevions pas auparavant.
>
> CHATEAUBRIAND.

---

**PREMIÈRE PARTIE**

## PHYSIOLOGIE UNITAIRE

PARIS
ADRIEN DELAHAYE, LIBRAIRE-EDITEUR,
PLACE DE L'ÉCOLE-DE-MÉDECINE

1869

# PRÉFACE.

L'homme aspire à la vérité par une tendance naturelle. L'esprit est né chercheur. Assistant dans la nature et chaque jour à mille phénomènes différents, il veut s'en rendre compte, et en poursuit l'explication avec les plus louables efforts. Les causes nous sont voilées des effets qui frappent nos regards et captivent notre admiration. Les atteindre est le but glorieux de la curiosité de notre âme.

Trop impatient du joug de l'ignorance, et désireux de dissiper les ténèbres de l'âme, l'homme a plus d'une fois édifié des théories mal assises, semblable à l'architecte qui élèverait un monument sur des fondements incertains. Sans doute que ces théories *avant terme* sont des erreurs plus ou moins ingénieuses, qui écartent la science du droit chemin. Nous ne devons cependant pas les blâmer. Elles accusent une haute impuissance dans une noble aspiration. Je regarde toutes ces tentatives avortées comme nécessaires à l'enfantement de la vérité; secousses d'indépendance des esprits enchaînés, cris de la science pour sortir du cachot de l'ignorance, révolte de l'âme contre l'esclavage des sens.

Les erreurs du passé mûrissent les fruits de l'avenir. Et j'aime mieux la fausse route du génie que le droit chemin d'un esprit vulgaire. Celle-là est plus féconde, plus riche en enseignements que celui-ci.

Quatre grandes théories ont régné dans la science médicale :

1° La théorie *iatromécanique,* qui prit naissance en Italie vers le milieu du XVII<sup>e</sup> siècle, et avait pour but d'expliquer tous les phénomènes de l'économie, physiologiques, pathologiques et thérapeuthiques, par les principes de l'hydraulique et de la mécanique, soumettant aux calculs mathématiques les lois d'après lesquelles ces phénomènes ont lieu.

2° La théorie *iatrochimique,* qui naquit à la fin du moyen âge, fut soutenue par Paracelse, Van Helmont, etc., et avait pour but d'expliquer tous les phénomènes physiologiques, pathologiques et thérapeutiques de l'économie, par les principes de la chimie, par les fermentations, distillations, effervescences des humeurs, etc.

3° La théorie *iatrovitale*, défendue par Stahl et Barthez, qui met sous la dépendance du principe vital ou de l'âme tous les phénomènes de l'économie, physiologiques, pathologiques, thérapeutiques.

4° La théorie *iatro-physique*, qui faisait dépendre tous ces mêmes phénomènes des principes de la physique.

Toutes ces théories ont eu le mérite de faire progresser les sciences naturelles, indispensables aux découvertes de l'avenir. Leur naissance prématurée ne leur permettait pas d'avoir toutes les bonnes conditions de viabilité. Elles étaient trop étroites dans leurs vues, et ne pouvaient être autrement.

Le XIX^e^ siècle a créé une ère nouvelle. La médecine, comme toutes les branches des connaissances humaines, a participé au mouvement révolutionnaire. Pendant que les Guizot, les Cousin, les Villemain, animés d'un même esprit, poursuivaient, avec le flambeau d'un rationalisme spiritualiste, leurs belles études d'histoire, de philosophie et de littérature; pendant que le passé, sous toutes ses formes, subissait l'examen de la critique, et que le XIXe siècle se créait une littérature à lui, instruits par l'expérience de leurs prédécesseurs, les médecins, voyant l'inutilité des théories précoces qui encombraient le chemin de la science, et comprenant qu'on avait commencé par où l'on doit finir, sapèrent l'édifice informe de la médecine des siècles passés, et résolurent de construire à neuf.

L'école de Paris fut le centre de ce mouvement, et c'est pour elle une grande gloire. On déblaya le nouveau chemin des débris de l'ancien. Et on refit à nouveau, avec un talent d'analyse remarquable et une patience digne d'éloges, l'anatomie, la physiologie, la pathologie et la thérapeutique.

L'histoire de cette révolution médicale, préparée par la fin du XVIIIe siècle, serait d'un grand intérêt et d'un grand enseignement.

Honneur aux Bichat, aux Louis, aux Laennec, aux Cruveilhier, aux Claude Bernard, aux Trousseau !

En même temps, l'Allemagne secondait ce mouvement par de laborieuses recherches microscopiques.

Honneur aux Wirchow, aux Kolliker, aux Schwann, aux Robin (en France) !

Nous croyons pouvoir aujourd'hui affirmer que cette *période analytique,* susceptible encore d'autres découvertes, est arrivée à un résultat tel, que des nombreux faits accumulés il est possible de tirer des déductions et d'établir des lois. Le temps est mûr pour la *période synthétique.*

L'analyse n'aurait aucune valeur intrinsèque, n'était la synthèse qu'elle a le mérite de préparer. L'une est le couronnement de l'autre. Ce sont les deux parties d'un tout. Elles n'ont aucun sens séparément, étant sans but et sans utilité. Un édifice sans fondements est impossible, et les fondements ne sont rien sans l'édifice. A elles deux, la synthèse et l'analyse doivent former le monument inébranlable de la vérité.

L'analyse est l'ouvrage de l'homme ; la synthèse est l'œuvre de l'âme.

Cependant l'heure de la synthèse ne serait pas encore sonnée, et l'aurore de la vérité n'éclaircirait pas encore l'horizon de la science, si, parallèlement aux études médicales, les études physiques, mécaniques et chimiques, n'avaient, par d'habiles investigations, atteint les hautes sphères où nous les admirons.

Ces sciences naturelles ont enfanté dans l'esprit des hommes quatre belles théories :

1° La *théorie de la gravitation,* découverte par Newton ;

2° La *théorie de la chaleur animale,* découverte par Lavoisier ;

3° La *théorie des types,* découverte par Dumas ;

4° La *théorie des forces vives,* la plus jeune et la plus féconde.

Ces quatre théories sont les colonnes inébranlables sur lesquelles s'appuie la *théorie de l'unité vitale.*

C'est dans l'hiver de 1864-65, pendant que j'assistais au cours de physique de M. le professeur Gavarret, et en l'entendant expliquer la théorie des forces vives, que je conçus la première idée de cet ouvrage.

Roman médical et scientifique, diront certains esprits ! N'en croyez rien, ô vous, les amis sincères de la vérité et du progrès! Mais, je vous prie, suspendez votre jugement jusqu'à la fin de votre lecture. La *théorie de l'unité vitale* doit être jugée dans son ensemble, avant de l'être dans ses détails. Le mécanisme unitaire étant universel, commun à l'état physiologique et à l'état pathologique, tous les phénomènes qu'il explique se soutiennent réciproquement, et, se servant de preuves les uns aux autres, font que chaque ordre de transformations pris séparément offre peut-être une réunion de preuves insuffisantes, insuffisance obligée pour éviter des répétitions ou des anticipations, mais que du tout réuni la clarté ressort évidente, et portera, j'ose l'espérer, la conviction dans l'esprit des lecteurs.

Je suis le premier à reconnaître les nombreuses défectuosités de cet ouvrage; toutefois, si je ne m'abuse, il aura, malgré ses imperfections prévues, le mérite d'ouvrir une nouvelle carrière à la science en général et à la médecine en particulier.

Si cet ouvrage revêt une apparence philosophique et théorique, il n'en est pas moins de la plus grande utilité pratique. Une théorie rationnelle n'est-elle pas le guide le plus sûr d'une sage pratique.

La médecine est grosse de cette découverte.

Les applications que je fais et la synthèse que j'enseigne sont en imminence dans les esprits. Tout œil impartial et profond le reconnaîtra.

J'arrive le premier; le moindre retard m'eût fait devancer.

La théorie de l'unité vitale sera ma profession de foi.

Elle embrassera quatre parties :

La physiologie unitaire.

La pathologie unitaire.

La thérapeutique unitaire.

La vie universelle.

Dr Galicier.

*Versailles, 5 janvier* 1869.

## PREMIÈRE PARTIE

---

# PHYSIOLOGIE UNITAIRE

## CHAPITRE PREMIER.

### **Des forces vives.**

*Attraction* et *vibration* sont les deux propriétés essentielles de la matière vivante, se manifestant chacune sous plusieurs modalités qui dépendent de la nature des supports.

Newton a découvert le grand principe de l'attraction, et en a formulé la loi : « Les corps s'attirent en raison directe de leur masse et inverse du carré de leurs distances. »

L'attraction se révèle sous quatre formes principales :

Appliquée aux corps stellaires, elle prend le nom particulier de *gravitation*. Nous expliquerons, dans la quatrième partie, comment la gravitation est une attraction *équilibrée*. La gravitation éveille, dans l'esprit, l'idée d'un phénomène plus complexe que la simple attraction.

L'attraction devient *cohésion,* quand les particules des corps qui s'attirent restent unies ou adhérentes entre elles ; — *affinité*, quand les molécules qui s'attirent se combinent ensemble.

La quatrième forme d'attraction est celle des corpuscules ou granulations qui, réunis dans un même espace et s'influençant réciproquement, sans cesse attirés et sans cesse repoussés, sont dans une agitation continuelle, décrivent des mouvements incalculables dans leurs mille variétés, et rappellent à l'imagination la grêle des balles de sureau dans l'expérience électrique de ce nom.

Ces trois dernières formes sont des attractions satisfaites ou *confirmées*. La quatrième, l'attraction granulaire est la source de la vie la plus importante. Les mouvements granulaires sont le berceau commun de toutes les forces vives de la matière vivante. Ce sont eux que nous trouverons dans la vie animale, comme dans les vies solaire et planétaire.

Comme l'attraction, la vibration a ses modalités. Il y a trois vibrations principales dans les corps vivants : la vibration calorique, — la vibration lumineuse, — la vibration électrique. La première seule appartient à la vie animale. Nous étudierons les deux autres dans les vies solaire et planétaire auxquelles elles se rattachent.

La vie s'entretient par un mécanisme unitaire

dans des manifestations multiples. Elle relève d'un même principe, non-seulement dans les bornes étroites de l'animalité, mais dans les corps stellaires, dans l'immensité comme dans un système, dans le tout comme dans la partie.

L'attraction des corps, premier terme de la vie, point de départ de toutes les forces dont les transformations la conservent et la propagent, représente la sympathie des intelligences ou attraction morale, avec cette différence que l'intelligence des animaux est une gravitation libre.

Aux deux propriétés essentielles des corps correspondent deux ordres de forces vives, la *force de locomotion* et la *force de vibration ;* car la science enseigne aujourd'hui que le mouvement, la chaleur et la lumière sont des *forces vives*, c'est-à-dire des forces toujours en activité, qui ne se perdent jamais mais se transforment, et dont les transformations se font par voie d'équivalence, quelle que soit la nature des supports.

Pour fixer les idées par un exemple, prenons celui du soleil.

On admet qu'il existe autour de cet astre des quantités innombrables de petites planètes, lesquelles, soumises à la loi d'attraction, sont incessamment attirées vers lui; et dont la *vitesse, force vive de locomotion*, sans cesse détruite par ce contact, est sans cesse transformée en une autre force, la *chaleur*. Celle-ci, *force vive de vibration des molécules pondérables autour de leur centre d'équilibre*, est encore une force sans cesse produite et sans cesse éteinte, puisqu'elle est retenue dans les limites d'équilibre des molécules vibrantes ; aussi se transforme-t-elle en une autre, la *lumière*, qui est la *force vive de vibration des molécules imponderées de l'éther autour de leur centre d'équilibre.*

Ces trois forces vives sont le résultat de mouvements inhérents à la matière vivante.

Cet aperçu des forces du soleil, exemple remarquable de mouvement perpétuel, nous conduit tout naturellement à l'étude non moins admirable du dynamisme organique.

Sondant les profondeurs des tissus et analysant les phénomènes de la nutrition, qu'y voyons-nous? l'attraction granulaire, — ici sous sa forme simple, là sous le manteau de l'affinité chimique, — c'est-à-dire une infinité de petits mouvements sans cesse détruits et sans cesse renouvelés, mais aussi incessamment transformés. Eh bien ! le fruit de cette transformation est encore la chaleur, je dirais mieux, la *force calorique*.

Le mouvement de locomotion engendre le mouvement de vibration.

La vitesse enfante la chaleur.

J'espère qu'il ressortira de cet ouvrage ces deux grandes vérités : — que la *force vitale* est la *force de locomotion granulaire*, c'est-à-dire a sa source dans les mouvements des granulations organiques ; — et que la *force nerveuse* est la *force calorique,* c'est-à-dire a sa source dans les mouvements de vibration moléculaire ; en sorte que la force nerveuse est fille de la force vitale, dont elle résulte par transformation équivalente.

Dans les vaisseaux et les cellules naît la force vitale ; c'est là son berceau, dont la force nerveuse s'élève pour se répandre par les conduits nerveux, et mettre en activité de fonction tous les organes de la machine animale.

J'appellerai la *force-mère* indistinctement : force vitale, — force granulaire, — force motrice, — force de locomotion ; — et la *force-fille* : force nerveuse, — force calorique, — force moléculaire, — force vibratoire ou de vibration.

La théorie mécano-dynamique de la vie est féconde en déductions pratiques ; et par elle, la médecine du XIXe siècle doit faire un pas de géant, quittant les ténèbres pour la lumière, l'inconnu pour le connu.

La généralité et la simplicité du mécanisme qui m'explique les phénomènes organo-dynamiques me sont garants de sa réalité.

Une théorie fausse, quelle qu'ingénieuse qu'elle soit, ne saurait avoir le caractère général de la théorie de l'unité vitale, qui est vraiment une théorie universelle, s'appliquant à l'homme, aux animaux, aux végétaux, aux planètes et aux soleils, en un mot à tout ce qui a vie.

Pour moi, jusqu'à présent, ma vue ne s'étend pas au-delà de cette théorie ; l'esprit d'un mortel ne peut pas tout embrasser. Pionnier de la science vitale, je trace le sentier où sans doute un enfant de l'avenir découvrira un jour de plus grandes vérités encore.

Les fonctions physiologiques, les maladies et l'action des médicaments, tout relève de ce même mécanisme, dont je ferai, dans la quatrième partie, l'application aux grands phénomènes de l'univers, à la vie universelle. Et il sera démontré que la vie animale n'est qu'une fraction de la grande unité vitale.

## CHAPITRE II.

### De la force calorique et de la force nerveuse.

Si Newton s'est immortalisé par la *théorie de la gravitation*, Lavoisier s'est immortalisé aussi glorieusement par la *théorie de la chaleur animale*. Le premier a glorifié l'Angleterre comme le second a glorifié la France, créant à eux deux les premières assises sur lesquelles s'appuye la *théorie de l'unité vitale*.

Les deux éléments de la combustion respiratoire, le corps comburant ou l'oxygène de l'air et le corps comburé ou les aliments, pénétrant en nous par une voie différente, tendent sans cesse à se rapprocher, aboutissent au même point, et de leur combinaison dans l'intimité des tissus résulte la chaleur animale, comme l'étincelle qui jaillit au rapprochement de deux fils électriques.

Mais dans ces oxydations seules ne réside pas toute

la source de la chaleur animale ; à telle preuve que le corps, exposé à un air sec et très-chaud (quatre-vingt huit degrés centigrades, expérience de Berger), voit augmenter sa température de sept à huit degrés, bien que, dans cette condition, l'air étant raréfié fournit aux combustibles organiques le moins de comburant possible.

Personne n'ignore qu'un air raréfié est défavorable à la fonction hématosique.

Si la chaleur animale, envisagée au seul point de vue de l'élévation de température, n'a pas pour source unique la combustion respiratoire, à plus forte raison en est-il de même lorsqu'on la considère comme force en activité de transformation. Une seconde source, non moins importante, est dans les mouvements granulaires qui s'exécutent dans le sang et les cellules, comme nous le verrons dans le prochain chapitre.

Je prends toujours l'homme pour type dans l'explication du mécanisme organo-dynamique, bien que ce mécanisme soit commun à tous les animaux. L'animalité, dont l'homme est le membre le mieux perfectionné, obéit aux mêmes lois vitales dans toutes ses formes connues.

Il s'agit, en démontrant l'importance de la chaleur, qui est une force vive, dans l'organisme animal, et la mettant en parallèle avec la force nerveuse, d'établir l'identité de ces deux forces, que toutes deux n'en font qu'une, et que, par conséquent, la force nerveuse rentre dans les forces universelles.

On pourrait affirmer, *a priori*, que le corps animal, issu d'un corps planétaire, ne renferme aucune force distincte, étrangère à celui-ci, tout ce qui est dans l'effet devant être dans la cause ; mais cette supposition, excitant la curiosité en raison de sa vraisemblance, nous porte d'elle-même à chercher des preuves à l'appui.

Je sais bien qu'on a voulu assimiler la force nerveuse à la force électrique, se basant sur quelques expériences plus ou moins bien interprétées. On aurait ainsi pour le corps animal une force qui rentrerait dans le cadre universel. Mais, outre qu'on peut tirer des expériences des preuves pour les opinions les plus contraires, et que les expériences vraiment probantes et indiscutables sont rares, il est évident, pour mille raisons que je ne rappellerai pas ici, et qui sont exposées dans les livres de physiologie, que la force électrique n'est pas identique à la force nerveuse. Incontestablement que dans l'organisme il se dégage de la force électrique ; il suffit, pour en être convaincu, de se rappeler les combinaisons chimiques qui s'y font, et les phénomènes particuliers qu'offrent certains poissons, dits poissons électriques, tels que la torpille et le gymnote. Mais ce que je soutiens, d'accord en cela avec la majorité des auteurs, c'est que cette force ne joue aucun rôle important dans l'économie animale, ne satisfait à aucune fonction, et, loin d'être la force nerveuse, ne doit pas être considérée comme une des forces inhérentes et essentielles à l'organisme.

Toute question de nature mise à part, il est admis dans la science médicale que la force vitale est la force première de la vie, et que la force nerveuse préside à toutes les fonctions qui s'accomplissent dans l'organisme : sensibilité, intelligence et motilité pour le système encéphalo-rachidien, — circulation et sécrétions diverses pour le grand sympathique.

La force vitale est le chef du gouvernement dans la machine animale, et la force nerveuse est son représentant devant les diverses fonctions. Celle-là est la source qui entretient, et celle-ci le fleuve qui féconde tout sur son passage.

Beaucoup d'auteurs, en effet, ont reconnu plus ou moins clairement que la force nerveuse relève de la force vitale, et que, par conséquent, tous les phénomènes organiques relèvent indirectement de la seconde, ou de la force vitale par l'intermédiaire de la force nerveuse. Mais la nature de ces forces et le mécanisme de leurs transformations sont restés jusqu'à ce jour inconnus.

On n'a pas remarqué le rapport intime qui existe

entre la chaleur et la force nerveuse, et d'où découle leur identité.

L'enfant qui vient au monde possède emmagasinés des matériaux combustibles. S'il respire, absorbant de l'oxygène, élément comburant, la vie s'allume en son corps; sinon, il meurt, et il meurt de par le froid.

L'homme qui succombe à la faim, parvenu au dernier marasme de l'inanition, respire encore et absorbe de l'oxygène; et cependant il meurt, il meurt de par le froid.

Ces deux êtres, le fœtus qui ne peut respirer et l'inanitié qui ne peut manger, meurent par le même mécanisme, par défaut de force calorique, celui-ci privé de l'élément combustible et celui-là de l'élément comburant. Chez l'un la vie s'éteint; chez l'autre elle ne peut s'allumer.

Mais, direz-vous, la force vitale devrait secourir la calorique qui en émane, si, comme vous le dites, celle-ci est fille de celle-là. Je vous accorde, par cet exemple, que la force nerveuse le cède à la calorique, sans admettre encore qu'elle soit de même nature, mais vous m'accorderez de votre côté que la force vitale le cède aussi à la calorique, étant impuissante à l'empêcher de défaillir.

Votre concession est forcée; la mienne ne serait pas légitime. La force vitale reste force-mère de la calorique, bien que succombant avec elle, ayant besoin, pour s'alimenter, des stimulants naturels, et, pour s'entretenir dans une activité durable, du secours réciproque de la force qu'elle engendre ; ce qui sera démontré plus tard.

L'homme de l'Équateur se nourrit de fruits et de légumes, en même temps qu'il sèvre son corps de tout mouvement superflu, et son esprit de toute application.

L'homme du Pôle vit d'huiles et de graisses, et prodigue à ses membres le plus d'exercice possible.

Un si grand contraste trouve son explication dans la nature du milieu ambiant. Ici, glacé par un froid extrême, l'homme cherche instinctivement à élever sa température intrinsèque, et par les aliments de combustion qu'il ingère et par les mouvements musculaires qui activent cette combustion, directement par l'accélération circulatoire, indirectement par une respiration plus fréquente, équivalant à une plus grande oxygénation du sang. Là, dévoré par les ardeurs du soleil, il tend, par tous les moyens, à réduire le taux de sa propre chaleur ; il fait l'inverse de l'homme pôlaire, voulant éteindre le calorique que celui-ci veut allumer.

Ce nouvel exemple est le pendant du premier, dans des conditions différentes ; ils ne s'éloignent que par une question de quantité et se confondent par le mécanisme.

Si une température extérieure excessive produit dans la force nerveuse une suractivité analogue, aboutissant, par la voie des hypersécrétions, à un prompt épuisement, le froid excessif donne un résultat inverse, amoindrissant l'activité nerveuse et diminuant la quantité des sécrétions. Helmholtz a calculé que, chez les grenouilles, la vitesse du courant nerveux est à peu près de vingt-six mètres par seconde, et que cette vitesse diminue avec la température extérieure qui s'abaisse.

La vitesse de la propagation nerveuse varie suivant les espèces animales, les individus d'une même espèce, les impressions d'un même individu, et les diverses influences physiologiques, pathologiques, thérapeutiques et atmosphériques. C'est dire qu'elle est loin d'être constante.

La chaleur intrinsèque, l'activité nerveuse, les sécrétions et les forces musculaires sont à la fois influencées par la température atmosphérique, dont elles suivent les oscillations. Une chaleur excessive accumulant dans l'organisme un trop-plein de force calorique, la machine animale, comme une chaudière surchargée, menace d'éclater dans son système vasculaire sous forme d'hémorrhagie ou d'apoplexie, à moins que des sécrétions abondantes ne viennent lui ouvrir des soupapes de sûreté. Voilà pourquoi les sécrétions cutanée et hépatique sont si considérables durant les grandes chaleurs. Par elles se détruit l'excédant de la force calorique.

Ce fait de l'extinction calorique par les sécrétions ne saurait être contesté par personne; sans lui la température de l'homme ne serait pas constante.

Ainsi la chaleur augmente les sécrétions, et les sécrétions amoindrissent la chaleur, comme un effet pour sa cause. Comme d'un autre côté, il est reconnu que les sécrétions relèvent du système nerveux, il faut donc en conclure que la force nerveuse est identique à la force calorique. Mais n'allons pas si vite; attendons les preuves; car vous pourriez dire que la force calorique, pour suractiver les sécrétions, ne préside pas à leur mécanisme, et que cette influence s'exerce par l'intermédiaire du système nerveux, et non pas directement.

Quoiqu'il en soit, il reste démontré que les sécrétions consument de la chaleur. Vous le pouvez constater d'une manière frappante, lorsque, dans des conditions pathologiques dont la nature importe peu ici, il se manifeste une diarrhée abondante et prolongée, et spécialement si l'activité physiologique de la calorique animale n'est pas soutenue par une chaleur atmosphérique élevée.

Si une *sécrétion exagérée consume de la force calo-*

*rique*, effet attesté par le refroidissement périphérique, la moindre résistance au froid extérieur, la pâleur de la face et l'altération des traits, — l'accroissement de la chaleur du corps produisant un effet inverse, élevant la température de la peau, donnant à la face une apparence plus vasculaire et plus nourrie, et permettant, dans certaines limites, de s'exposer impunément au froid extérieur, —une *sécrétion exagérée consume* également *de la force nerveuse*, épuisement révélé par l'affaiblissement musculaire et l'allanguissement de toutes les fonctions auxquelles préside le système nerveux.

Les sueurs de l'été ou des pays chauds diminuent les forces en raison de leur abondance, énervent l'organisme, ralentissent les fonctions génitales et dépriment l'activité intellectuelle. Rien ne *coupe* les jambes comme une forte diarrhée. Dans l'ordre pathologique, on a vu la paraplégie succéder à la dyssenterie, résultat complexe sans doute. Les sécrétions exagérées sont dans le choléra, avec le principe toxique, la cause de l'épuisement rapide des forces.

Si l'on peut dire que l'influence de la chaleur sur les sécrétions, et réciproquement, est indirecte, si l'on peut dire qu'une sécrétion exagérée consume directement de la force nerveuse, en tant que force génératrice, et de la calorique seulement par les matériaux éliminés, outre que cette explication est mauvaise et insuffisante, cette fin de non recevoir n'est plus applicable à l'extinction calorique par la douleur, par les coliques nerveuses sans évacuation, non plus qu'aux phénomènes de refroidissement périphérique et d'affaiblissement musculaire par une vive frayeur, en dehors de tout flux diarrhéique.

C'est qu'en effet la douleur consume de la force nerveuse et de la force calorique, à un degré plus haut encore que les sécrétions exagérées, toutes proportions gardées bien entendu. Est-il une cause intrinsèque de refroidissement périphérique et d'affaiblissement musculaire, aussi puissante que les coliques entéralgiques? Dans les crises d'entérite chronique, le patient redoute surtout celles où prédominent les coliques, non pas seulement dans la crainte de souffrir, mais parce qu'il sait d'expérience devoir être bien plus anéanti par ces coliques que par les selles abondantes et faciles. L'influence dépressive de la douleur est remarquable chez les femmes névro-pathiques, où elle finit par engendrer une hecticité véritable et fébriculaire. Enfin, une douleur vive et prolongée peut faire mourir, en tarissant les sources de la calorification.

La douleur, en général, n'étant autre chose qu'une sensibilité pathologique, accomplie comme la physiologique par la force nerveuse, il est tout naturel qu'elle épuise sa force productrice. Mais, si elle épuise en même temps de la force calorique, c'est donc que celle-ci est aussi pour elle une force génératrice; car la douleur, comme une sécrétion ou un travail quelconque, ne peut détruire que la force qui l'a engendrée; un effet ne peut agir que sur sa cause. Ce serait alors deux forces pour un seul phénomène, pour une même sécrétion, deux causes pour un effet; impossible! Ce double emploi n'ayant pas sa raison d'être, on peut affirmer qu'il n'est pas, rien n'étant fait inutilement dans la nature.

— C'est très-bien, mon cher auteur, mais vous concluez encore trop tôt. La douleur et les sécrétions consument, quoique vous en disiez, directement de la force nerveuse, et indirectement de la force calorique. La force nerveuse étant amoindrie ralentit la circulation; et c'est ce ralentissement de la circulation, où s'élabore la force calorique, qui devient la cause directe de la diminution de celle-ci. Ne savez-vous pas que la course active la production de chaleur animale en accélérant la circulation et la respiration, tandis que le sommeil, en ralentissant ces deux mêmes fonctions, abaisse en nous la force calorique?

— Oui, mais je sais aussi que dans une inflammation locale, où la circulation se ralentit progressivement jusqu'à la stase vasculaire et où la respiration n'a rien à faire, la chaleur qui vient du sang s'élève considérablement. Mais je n'ai pas le droit de me servir de cette preuve avant d'avoir fait connaître les mouvements granulaires qui sont une des sources de la force calorique. Et cependant j'aurai raison de votre objection.

Je conviens que les cas où une violente émotion entraîne une mort subite par arrêt simultané de la force nerveuse et de la circulation, sont aussi favorables à votre thèse qu'à la mienne. Mais il n'en est pas toujours ainsi. Dans les coliques, par exemple, où le corps se refroidit, où les forces sont prostrées, la circulation, loin d'être toujours ralentie, est quelquefois accélérée. Prenez une douleur quelconque, et vous remarquerez le même phénomène. J'en conclus donc que l'extinction calorique est directe, et, comme directe aussi est l'extinction nerveuse, que les deux forces de ce nom sont identiques. C'est l'évidence, c'est la force des choses, et non une idée préconçue, qui m'amène à cette conclusion.

Au surplus, entre la sécrétion accomplie ou la colique et les forces calorique et nerveuse consumées vous ne pouvez saisir aucun phénomène intermédiaire; l'effet est direct et immédiat autant pour l'une que pour l'autre; l'épuisement calorique est aussi prompt que l'épuisement nerveux, et *vice versa*.

Lorsque, sous le froid glacial des pôles, l'homme

se livre à l'exercice pour soutenir et défendre sa température, cette gymnastique musculaire n'a pas pour unique conséquence d'activer la combustion respiratoire, elle stimule autant les mouvements granulaires de l'organisme; et c'est par ces deux effets qu'elle accroît la chaleur animale et l'empêche de s'abaisser.

L'observation des animaux hibernants vient à l'appui de ce qui précède. Ces animaux sont dits à température variable ou à sang froid, parce que leur chaleur vitale diminue avec l'abaissement de la température extérieure. Ils se refroidissent l'hiver, en faisant précisément le contraire de l'homme pôlaire, c'est-à-dire en se privant de nourriture et de mouvements. Mais, tandis que l'homme mourrait dans de telles conditions, c'est pour eux un état physiologique. Avec moins de chaleur, ils ont moins de vigueur, leurs fonctions organiques sont réduites à leur minimum d'activité. Toutes les fonctions que la force nerveuse est réputée entretenir subissent un amoindrissement considérable, en rapport avec celui de la force calorique; preuve, une fois de plus, que ces fonctions relèvent de cette dernière force.

Deux types physiologiques principaux dominent l'organisme : le sanguin et l'anémique. Le premier est caractérisé par la suractivité des mouvements granulaires ou vitaux. Une grande résistance aux causes de refroidissement, témoignant d'une grande puissance calorique, en est la conséquence, et avec elle le développement *maximum* de toutes les fonctions organiques. — Le second est caractérisé par l'atonie des mouvements granulaires, engendrant une faible puissance calorique, peu de résistance aux causes de refroidissement, et le développement *minimum* de toutes les fonctions organiques.

En un mot, tout ce qui exalte la chaleur animale exalte les fonctions organiques, — dans les proportions physiologiques, bien entendu, — tout ce qui la déprime les déprime. Entre ces fonctions exaltées ou déprimées et la force calorique on ne peut saisir aucun intermédiaire, le rapport est direct et immédiat, Tout ce qui élève ou abaisse la chaleur animale, le fait pour la force nerveuse. De même que les fonctions, celle-ci suit toutes les oscillations de la force calorique, toujours confondue avec elle, jamais distincte en aucune occasion.

Lorsque l'homme est encore dans l'œuf maternel et que des cellules composent toute son organisation, aucune trace de système nerveux n'apparaît. Et cependant ces cellules sont vivantes; elles se multiplient, se perfectionnent, et d'une de leurs transformations sortira le système nerveux comme tout autre système. Les cellules embryonnaires ont leur sécrétion, et la force nerveuse n'y préside pas. Il leur faut néanmoins une force génératrice; c'est la force calorique résultant des mouvements granulaires intrà-cellulaires.

Si, dans cette condition, les phénomènes organiques s'accomplissent de par la force calorique, en l'absence de toute force nerveuse; — si plus tard, chez l'enfant ou l'homme fait, les mêmes phénomènes ont un rapport direct et immédiat avec la force calorique; — si la force nerveuse en suit elle-même toutes les oscillations; — si les sécrétions exagérées consument de la chaleur en même temps qu'elles épuisent les forces musculaires; — si les douleurs violentes produisent les mêmes effets avec plus d'intensité encore; si une plaie peut guérir, une fracture se consolider, d'après les expériences des physiologistes, sur un membre dont tous les nerfs ont été coupés; — si la force calorique règle pour l'homme les conditions de vie ou de mort; et si, en aucune occasion, la force nerveuse ne se montre comme force distincte, étant toujours confondue avec la calorique; — n'est-il pas légitime d'en tirer cette conclusion que ces deux forces n'en font qu'une, que force nerveuse est synonyme de force calorique, que, par conséquent, la force nerveuse est de nature vibratoire ou moléculaire, engendrée par la force vitale ou granulaire?

A ceux qui conserveraient encore quelques doutes,

en pensant que, la force calorique étant la force nerveuse, les nerfs devraient avoir une température trop élevée, je répondrais que dans les tubes nerveux la force calorique est à l'état de force de transformation, et non à l'état de chaleur sensible; à l'état de chaleur latente comme on disait autrefois, la chaleur latente étant de la chaleur de transformation.

Si je détruis la force nerveuse en tant que distincte et isolée, je la réhabilite dans une sphère plus élevée en démontrant qu'elle n'est autre que la force calorique.

## CHAPITRE III.

### Des mouvements dans l'organisme.

La force calorique étant la transformation par voie d'équivalence de la force motrice détruite, il faut en chercher la source dans tous les mouvements dont notre organisme est le spectateur inconscient. Ces mouvements, en tant qu'origine de la force calorique, peuvent être classés en deux grandes catégories : dans l'une, les mouvements *intrà-vasculaires ;* dans l'autre, les mouvements *intrà-cellulaires*.

Les intrà-vasculaires sont ces mille et un mouvements de combinaison, qui préparent pour la nutrition les éléments de nos tissus, et pour les sécrétions les matériaux de désassimilation. Prenez un aliment quelconque, soit un morceau de viande ; de combien de transformations n'est-il pas l'objet, combien de mouvements se passent entre ses molécules, durant sa pérégrination organique à travers le tube digestif, les vaisseaux chylifères, le sang, l'intimité des tissus et enfin les liquides excrémentiels?

Dans toutes ces combinaisons croissantes ou décroissantes, deux points de vue sont à envisager : celui qui tient au mouvement même de combinaison, et celui de la nature des corps qui se combinent.

Lorsque l'oxygène de l'air s'unit au carbone du sang et le brûle en formant de l'acide carbonique, ou qu'il s'unit à l'hydrogène pour engendrer de l'eau, dira-t-on que la chaleur *sensible*, qui résulte de cette combinaison, provient du seul mouvement moléculaire par voie de transformation? Non assurément. Elle reconnaît aussi pour cause une action toute spéciale de l'oxygène sur ces corps dits combustibles. Autrement, pourquoi le même résultat ne se produirait-il pas avec d'autres agents? Le moins qu'on puisse supposer, c'est une manière d'être *sui generis*, une nature propre, un groupement particulier des molécules de carbone et d'hydrogène. Du reste, les chimistes modernes, dans la *théorie des types*, font dépendre les propriétés des corps aussi bien de la nature des éléments qui les composent que de leur groupement.

Outre ces mouvements de combinaison et de décombinaison, le sang en présente beaucoup d'autres. Il contient des globules et des granulations sans cesse agités. Si, d'après les calculs de Vierordt et Welcker, chaque millimètre cube de sang renferme à peu près cinq millions de globules rouges pour l'homme, et quatre millions et demi pour la femme, ce qui fait pour la totalité du sang d'homme à peu près soixante billions de globules, combien davantage y a-t-il de granulations? Les globules blancs sont de tous les moins nombreux, étant dans la proportion d'un pour trois cents rouges environ. Si leur proportion est ainsi minime dans le liquide sanguin, par contre ils sont l'élément caractéristique et constituant de la lymphe et du chyle, véritable sang blanc, accompagnés également de granulations.

Une différence essentielle existe entre les globules blancs et rouges. Sans parler de la forme, les premiers contiennent un et quelquefois plusieurs noyaux, les seconds en sont toujours dépourvus, de telle sorte que les premiers sont de véritables cellules par leur constitution, et ont une vie plus durable que les rouges qui, eux, sont des cellules sans noyau d'une vie plus courte. Car, d'après Wirchow, « le noyau sert surtout à la conservation de la vie de la cellule et peu à ses fonctions ; les formations cellulaires qui perdent leur noyau sont transitoires, et, en pathologie, les premières altérations importantes portent toujours sur le noyau. » — En effet, en raison de son volume, le noyau est le centre de toutes les attractions cellulaires. La vie de la cellule est dans le mouvement des granulations, et ce mouvement est réglé, équilibré par le noyau. Il est donc essentiellement conservateur.

Le globule blanc ressemble tout à fait au globule du pus, avec cette différence, comme le fait remarquer Wirchow, que, si le premier ne contient quelquefois qu'un seul noyau, le second en renferme toujours plusieurs.

On peut considérer le système vasculaire comme une énorme cellule-mère de forme spéciale, dans le sein de laquelle vivent en grand nombre des petites cellules et des granulations, — et, à un autre point de vue, imitant en cela M. Küss de Strasbourg, comme un cône liquide et double dont la base est au cœur et l'extrémité aux capillaires, cône artériel et cône veineux, dont le courant augmente progressivement de vitesse de l'extrémité à la base dans le second, et diminue progressivement de la base à l'extrémité dans le premier, de telle sorte que, dans les capillaires, le liquide sanguin ne s'avance que d'un demi-millimètre par seconde, soit un mètre quatre-vingts centimètres par heure, d'après les observations de Weber.

Ce ralentissement de courant est nécessaire aux phénomènes de la nutrition et de la calorification, en créant des rapports plus faciles et plus prolongés entre les divers éléments constituants du liquide sanguin.

Les parois vasculaires agissent attractivement sur leur contenu ; le courant circulatoire est moins rapide sur les bords qu'au centre ; sa vitesse, ayant son maximum au centre, diminue graduellement de ce centre vers la périphérie, où, au contact des parois vasculaires, elle atteint son minimum, comme un fleuve dont le cours est plus précipité en son milieu que près de ses rives.

Outre le ralentissement de la base à l'extrémité du cône liquide artériel, il y a donc aussi ralentissement du centre à la périphérie dans les capillaires, qui représentent un cylindre allongé entre les extrémités des deux cônes vasculaires.

D'une manière générale, l'intensité des phénomènes vitaux, la production des forces vives étant en raison directe de la moins grande rapidité du courant circulatoire, la périphérie des capillaires est à leur centre ce que les capillaires eux-mêmes sont aux gros vaisseaux. Le foyer vital est concentré dans le système capillaire, et le centre de son activité est le long des parois. Plasma, globules et granulations obéissent à cette attraction périphérique ; et, parmi les globules, les blancs étant plus visqueux ont une marche encore plus lente que les autres, comme l'a fait remarquer Ascherson.

Les conséquences de ce ralentissement circulatoire sont faciles à déduire. Granulations et globules, moins tourmentés par une vitesse d'emprunt, peuvent à loisir obéir à leurs propres attractions réciproques, se mouvoir en sens divers, donner naissance aux forces vives qui se transforment et aux travaux de sécrétion qui en résultent.

Dans les vaisseaux s'accomplissent deux travaux principaux de sécrétion : un travail de sécrétion séreuse et un travail de sécrétion fibro-albumineuse.

Les membranes séreuses ayant pour fonction de sécréter un liquide clair qu'on nomme sérosité, et la membrane interne des vaisseaux étant de nature séreuse, il est logique de lui attribuer la sécrétion du sérum sanguin. J'attribue aux granulations vitales elles-mêmes le travail de sécrétion fibro-albumineuse, la fibrine et l'albumine étant dissoutes, comme on sait, dans le sérum pour former le plasma du sang. L'étude embryogénique nous offre des exemples à l'appui de ce que j'avance, où un liquide fibrineux ou albumineux est produit par transformations des granulations cellulaires.

Les aliments sont bien pour le sang une source de fibrine et d'albumine, mais n'empêchent pas la source précédente; comme la chaleur produite par la combustion respiratoire n'empêche pas celle des mouvements granulaires. S'il n'en était ainsi, l'augmentation de la fibrine dans les inflammations serait inexplicable.

Lorsque, par des saignées répétées ou des hémorrhagies abondantes et coup sur coup, on vide le système circulatoire, plasma, globules et granulations s'échappent en même temps, c'est-à-dire qu'on prive le sang de ses éléments vitaux. On sait avec quelle rapidité se reforme le liquide sanguin, et combien il est fluide et décoloré; décoloré par insuffisance des globules rouges, fluide par surcharge d'eau. Le sang est aqueux ou anémique comme on dit en pathologie.

De l'effet produit par le dessèchement vasculaire, de la comparaison de ce sang aqueux et fluide avec le sang visqueux physiologique, il résulte cette vérité que la densité du plasma sanguin est en raison directe du nombre et de l'activité des granulations et des globules. Le plasma étant un travail de sécrétion, il est juste que ce travail soit d'autant plus parfait que sa force productrice est plus intense. Mais, étant composé d'une double sécrétion, chacune doit être plus ou moins grande suivant le plus ou le moins d'activité du support. Après d'abondantes pertes de sang, les granulations et globules étant considérablement diminués, le travail de sécrétion fibrineuse est amoindri d'autant. Par contre, le travail de sécrétion séreuse augmente, son support restant toujours le même. On peut même en conclure que la séreuse vasculaire a une activité antagoniste de celle des granulations ; celle-ci étant à son minimum, celle-là est à son maximum, et réciproquement. Les supports granulaires et globulaires enlevés par les hémorrhagies ne pouvant se reformer que lentement, ce n'est que lentement aussi que le sang recouvre sa viscosité en même temps que sa force.

Ce qui se produit accidentellement dans les cas précités peut avoir lieu spontanément dans certains états pathologiques. Si, dans les conditions normales de la santé, il y a équilibre entre les deux travaux sanguins, la rupture de cet équilibre constitue un état morbide, pléthore quand le travail fibrineux prédomine, anémie quand c'est le travail séreux.

Mais ces sécrétions, étant par elles-mêmes des travaux accomplis, ne sont que les effets et non les causes des maladies en question. Ces causes, il les faut chercher dans les forces génératrices de ces travaux.

Dans la pléthore, les vaisseaux sont gorgés d'un sang rouge et visqueux, le nombre des globules et celui des granulations sont augmentés ; ce qui revient à dire que les supports des forces vives sont en plus grande quantité, et, par suite, les forces elles-mêmes. La pléthore est donc, dans son essence, une exaltation des forces vives organiques, une *suractivité de la force vitale ou granulaire*, et, consécutivement de la force calorique, d'où développement maximum de toutes les fonctions. Avec l'accroissement numérique des supports, avec la suractivité granulaire, il y a prédominance du travail de sécrétion plastique.

On peut, avec M. Trousseau, distinguer la pléthore en physiologique et en pathologique, et admettre trois formes de pléthore physiologique.

La première est caractérisée par un sang riche en globules, un embonpoint considérable, toutes les apparences de la force, avec l'atonie réelle des fonctions. Il y a défaut de rapport entre la richesse apparente du sang et la force calorique.

La seconde est caractérisée par un sang moins riche en globules, plus riche en fibrine, par une grande énergie de la force calorique, des contractions musculaires et vasculaires.

La troisième est caractérisée par un sang très-riche en globules et en fibrine, et par la vigueur de toutes fonctions. C'est la réunion des deux autres, la pléthore dans son maximum de développement.

Dans ces deux dernières le sang contient une très-minime proportion d'eau, bien moins que dans la première; sa sérosité est très-fibrineuse; il est prédisposé aux inflammations plastiques et sécrète très-rarement du pus.

Ces trois pléthores sont dites physiologiques, parce qu'elles sont compatibles avec le bon équilibre des fonctions.

De leur analyse raisonnée, on peut déduire :

*Pour la première :* 1° Que les globules ne sont pas le support de la force vitale;

2° Que l'intensité de la force calorique ou nerveuse n'est pas proportionnelle au nombre des globules;

3° Que le travail de sécrétion fibrineuse ne relève pas d'une force inhérente aux globules.

*Pour les deux autres :* Que le travail de sécrétion et la force calorique relèvent d'une source commune, de la même force initiale qui ne peut être autre que la force vitale. Cette force vitale a nécessairement son support dans le sang; et ce support, n'étant pas les globules, est représenté par les granulations, dont l'existence, ne serait-elle démontrée que par ses effets, n'en serait pas moins irrécusable.

Ainsi, la pléthore est constituée, dans son essence, par une augmentation du nombre et de la force des granulations sanguines ou intra-vasculaires. C'est une *hypergranulie* en quantité et en qualité; c'est en même temps une hyperglobulie.

La première pléthore, étant seulement une *hyperglobulie,* n'est pas une pléthore véritable.

Ces trois pléthores nous démontrent encore que l'obésité reconnaît, comme condition anatomique initiale, une hyperglobulie, surtout coïncidant avec une hypogranulie. Dans les deux dernières, les fonctions organiques, ayant plus d'activité, semblent absorber pour elles toutes les forces vives. Ici, tout se tourne en force et en travail ; là, tout se tourne en graisse. Un muscle au repos devient adipeux, de même un organe. Les individus globulaires engraissent par l'atonie de leurs fonctions, par insuffisance de mouvements organiques. Les anémiques, ayant la même atonie fonctionnelle, n'engraissent pas, parce qu'ils manquent de la condition anatomique initiale : l'hyperglobulie. Cependant, il n'est pas rare, pendant des convalescences, suite d'hémorrhagies considérables, de voir les malades acquérir un embonpoint rapide et non proportionné à leur alimentation. On peut attribuer ce phénomène à une *pléthore séreuse*, c'est-à-dire à une exagération de la sécrétion de sérosité qui gonfle les vaisseaux. Ces personnes, bien nourries, atteindront facilement la *pléthore hyperglobulaire*, plus rarement la *pléthore hypergranulaire*.

La pléthore, ainsi comprise, éclaire la pratique médicale. Sa mesure est celle de l'énergie fonctionnelle.

En faisant jouer aux granulations sanguines le plus grand rôle, en les considérant comme les supports actifs de la force vitale, ce que démontrent toutes les observations physiologiques ou pathologiques, je ne méconnais pas l'importance des globules. Ils jouent le rôle de noyaux vis-à-vis des granulations, c'est-à-dire augmentent la durée et l'énergie de leurs forces. Car, je l'ai déjà dit, on peut, au point de vue du mécanisme, envisager le système vasculaire comme une vaste cellule-mère, dont les globules rouges seraient les noyaux par rapport aux granulations sanguines.

L'inflammation nous offre le tableau exagéré de la pléthore.

Son sang est caractérisé par l'augmentation de la fibrine, la diminution de l'albumine et la diminution du sérum. Personne ne niera que, dans l'inflammation, il n'y ait une exagération des mouvements vitaux du sang, une exaltation de la force vitale ou sanguine, comme dans la pléthore et à un degré plus élevé; et que l'hypersécrétion plastique en provient comme un effet de sa cause, suivant invariablement ces mouvements intrà-vasculaires dans leur accroissement et leur affaiblissement.

Si nous limitons notre étude aux stases inflammatoires, nous observons les mêmes phénomènes dans les capillaires dilatés, plus de fibrine, moins de sérum. C'est là le summum de la suractivité granulaire, favorisée par l'arrêt circulatoire, jusqu'au moment où la mort locale des éléments sanguins résulte de cette suractivité même et de ses transformations.

On combat les inflammations de deux manières différentes : par les saignées ou les contro-stimulants. La saignée enlève la cause brutalement, et, par suite, son effet. Non-seulement elle détruit les forces, mais elle prive le sang des supports vitaux et favorise la pléthore séreuse. Les contro-stimulants sont des substitutifs granulaires, détruisant sur place la force en suractivité, sans appauvrir le sang de ses supports. Ce second moyen est bien plus médical et plus rationnel que la saignée ; je ne tolère celle-ci que dans les cas urgents.

Quand la force granulaire intrà-vasculaire est en activité physiologique ordinaire, il y a équilibre entre les sécrétions séreuse et fibro-albumineuse, (trois millièmes de fibrine, et soixante-dix millièmes d'albumine et huit cents d'eau environ). Quand la force granulaire s'abaisse, d'une manière générale, il y a diminution de fibrine, d'albumine, et augmentation d'eau. Quand la force granulaire s'élève, il y a augmentation de fibrine et diminution d'albumine et d'eau.

Tous ces faits démontrent l'antagonisme entre le travail de sécrétion séreuse et celui de sécrétion plastique. Il paraît, en outre, en résulter que la sécrétion de fibrine est un travail qui consume plus de force que la sécrétion d'albumine. Aussi, toute suractivité granulaire, pléthorique ou inflammatoire, se tourne-t-elle au bénéfice de l'élément fibrineux de la sécrétion fibrino-albumineuse.

Dans les pyrexies graves et prolongées, dans le choléra, il y a toujours diminution de la fibrine et de l'albumine; conséquence forcée de l'hypogranulie qu'occasionne le principe inconnu de ces maladies.

Si le sang artériel contient plus de globules et de fibrine, moins d'eau et d'albumine que le veineux, il ne faut pas en conclure que l'augmentation de fibrine tient de celle des globules. L'étude de la pléthore nous a démontré le contraire. Au reste, l'étude comparée du sang dans les quadrupèdes fait voir, que plus il y a de fibrine chez une espèce moins il y a de globules, et *vice versa*. Le chien, dont le sang contient très-peu de fibrine, a en moyenne cent quarante-huit globules. La différence entre le sang artériel et le veineux tient à l'influence hypogranulaire de l'acide carbonique et hypergranulaire de l'oxygène.

Contrairement à la pléthore, dans l'anémie le sang est pâle et fluide, par diminution des globules rouges et par augmentation d'eau. Il y a en même temps atonie fonctionnelle des organes, la force calorique est à son minimum de puissance. L'amoindrissement des fonctions atteste celui des forces; l'amoindrissement des forces, celui de leurs supports.

L'anémie est, dans son essence, une *hypogranulie*, coïncidant avec une exagération de la sécrétion séreuse, en raison de l'antagonisme des deux travaux intrà-vasculaires.

La pléthore est bien une suractivité des forces vives, granulaire et calorique, à telle enseigne qu'on la peut amoindrir en transformant ces forces dans des sécrétions diverses. On obtient cet effet par des purgatifs, sans pour cela vider le système vasculaire.

L'anémie est hypoglobulie et hypogranulie; hypogranulie en quantité et en qualité, atonie et pénurie granulaire. Par des stimulauts, on rend momentanément aux anémiques la vigueur perdue. Les toniques sont des stimulants à longue échéance. Outre une excitation passagère, on peut procurer à l'anémique une guérison radicale ; c'est-à-dire que son sang peut s'enrichir de nouveaux globules et de nouvelles granulations.

Quelques explications sont ici nécessaires à l'endroit des analyses du sang dans les cas pathologiques. Toutes, elles nous enseignent que dans les anémies, la chlorose, le scorbut, la leucocythémie, il y a diminution des globules rouges et augmentation d'eau. Mais, quant à la fibrine et à l'albumine, elles sont arrivées à des résultats différents, reconnaissant tantôt une augmentation, tantôt une diminution ou un état normal. Tout en tenant compte des erreurs possibles, je suis porté à croire que ces variations sont réelles suivant les circonstances. Il est évident, par exemple, qu'il y aura augmentation de fibrine chez un de ces malades ayant une complication inflammatoire.

Quoiqu'il en soit, la quantité normale de fibrine peut très-bien se concilier avec une hypogranulie et une hypoglobulie. Les globules faisant fonction de noyaux pour les granulations, activant et prolongeant leur vitalité, leur diminution devient dans l'anémie une cause d'atonie granulaire ou vitale. Eh bien! cette hypogranulie peut très-bien ne se manifester que par l'affaiblissement de toutes les fonctions, sans qu'il y ait pour cela amoindrissement du travail plastique ou fibrineux. Cependant dans les anémies anciennes et très-prononcées, on a constaté la diminution de fibrine.

La réaction *post mortem* des cholériques est un phénomène qu'il faut rattacher aux mouvements granulaires du sang. Dans les cas bénins, à la période de refroidissement succède une période de réaction où le malade se réchauffe, puis il guérit. Dans les cas foudroyants, le principe cholérique cause immédiatement une hypogranulie considérable qui arrête promptement la circulation des capillaires au cœur. Il se forme des caillots. Après la mort, les granulations vitales du sang se relèvent un peu, et produisent assez de force calorique pour élever la température du corps. Mais, en raison des caillots qui obstruent les capillaires, la vie n'est pas possible. En somme, cette réaction *post mortem* ne diffère pas de celle qui s'accomplit chez les vivants. C'est le même mécanisme. Elle est favorisée par tous les médicaments stimulants ingérés. On peut la comparer à la chaleur qui suit la congélation d'un membre, à la température élevée qui succède au refroidissement du contact de la neige. Elle est d'autant plus marquée que la mort a été plus prompte ; c'est tout naturel, les granulations vitales n'étant pas encore épuisées par de longs travaux pathologiques.

La plupart des micrographes reconnaissent que les globules blancs se forment principalement dans la rate, le foie et les ganglions lymphatiques, bien qu'ils puissent naître aussi dans les capillaires des autres organes ; — que les globules rouges proviennent des blancs par destruction du noyau et des granulations, par modification de forme de la cellule ; qu'ils peuvent prendre naissance dans tout le système circulatoire comme leurs générateurs, mais surtout dans les trois organes susnommés. Cette transformation des blancs en rouges s'explique par la nature nucléaire et granulaire des premiers. La globuline et l'hématosine des rouges peuvent être regardées comme produits de sécrétion ultime des granulations et noyaux détruits des blancs. Et ces éléments, en se détruisant, produiraient une attraction de la paroi cellulaire qui rendrait compte du changement de forme des globules.

L'importance du foie, de la rate et des ganglions, a sa raison d'être dans leur texture, à la fois éminemment vasculaire et cellulaire. Ce sont des organes de ralentissement circulatoire, centres d'activités granulaires, foyers principaux de forces vives, lieux d'élection des transformations sanguines, des génèses granulaire et globulaire, d'autant plus qu'ils représentent une double accumulation de mouvements intrà-vasculaires et intrà-cellulaires.

Ce qui est vrai des globules l'est également des granulations vitales, lesquelles jusqu'à présent n'ont fixé que secondairement l'attention des physiologistes et des micrographes, et sont néanmoins de la première importance dans l'ordre de la vie. On s'est laissé tromper par les apparences. La vie restreinte de l'animalité ne saurait être sans globules, c'est vrai ; sans granulations elle serait encore plus impossible. Celles-ci sont la condition *sine quâ non* de la vie en elle-même ; ceux-là sont la condition *sine quâ non* de la forme animale de la vie. Le prinpe vital a sa source dans les infiniment petits.

Mais, dira-t-on, le microscope ne nous découvre pas de granulations libres dans le sang, semblables à celles qu'on observe dans les cellules? — Voyez-vous les molécules d'éther qui remplissent l'espace et nous transmettent la lumière? Vous les admettez par leurs effets. Ainsi nous devons faire de beaucoup de causes premières, et de la force vitale. — Voyez-vous la fibrine dissoute dans le plasma du sang vivant? Non. Ce n'est que lorsqu'elle est morte avec le sang qu'elle revêt une forme visible. Alors elle a souvent une apparence granulée. Pourquoi n'en serait-il pas des granulations vitales comme de la fibrine leur travail? Pourquoi des granulations incolores et très-petites n'échapperaient-elles pas à vos regards, et, à la mort du sang, ne seraient-elles pas englobées dans la fibrine, où elles se détruiraient dans une dernière transformation?

Pouvez-vous être étonnés que des granulations vous échappent, lorsque vous avez quelquefois tant de peines à saisir des noyaux et des nucléoles? Il y a des nucléoles si petits qu'on les distingue très-difficilement. Cependant nucléoles et noyaux sont des cellules dont la paroi enveloppe des granulations, comme eux-mêmes sont enveloppés dans les cellules ordinaires. Les nucléoles ont en moyenne un diamètre de $0^{mm},002$ à $0^{mm},003$; les granulations (celles des globules blancs du sang par exemple) ont au plus 0$^{mm}$,0004. Il en est de si petites qu'on peut les apercevoir mais non les mesurer. Pourquoi de plus petites encore n'existeraient-elles pas, qu'on ne pourrait pas même distinguer ?

Au reste, plusieurs micrographes allemands ont vu dans le sang des granulations libres, soit isolées, soit agglomérées. Et, dans la série animale, il est plusieurs espèces (amphioxus, etc.) dont le sang ne contient pas de globules, seulement des granulations à peine teintées en rouge.

Il ne s'agit pas ici, bien entendu, des granulations graisseuses qui sont surtout abondantes dans le chyle, auquel elles donnent sa couleur blanche. Celles-ci n'ont pas une vie propre. On a vu dans le liquide nourricier de la cornée, et dans des cas de maladie, des granulations graisseuses (Kolliker, Donders, etc...) qui n'existent pas à l'état normal. Elles sont peut-être quelquefois une altération des granulations vitales mortes.

Virchow a trouvé plusieurs fois des vaisseaux sanguins métamorphosés en canaux blanchâtres dilatés, remplis d'une substance granuleuse foncée. M. Guérin de Menneville dit avoir vu, sur des vers à soie, les granulations introduites dans les prolongements des globules crever ces espèces de bourgeons, se répandre dans le sérum, s'y envelopper d'une membrane transparente et constituer ainsi de nouveaux globules.

Le blastème est un produit amorphe, granuleux, liquide ou semi-liquide, qui sert au renouvellement des tissus. Le blastème (Robin) provient chez l'adulte des vaisseaux où on le trouve, chez l'embryon encore sans vaisseaux il est exsudé par les cellules embryonnaires, ou résulte de la liquéfaction de ces cellules. Dans les végétaux il provient des cellules. Il y en a autant de sortes que de productions organiques différentes. — Si le blastème est un liquide qui renferme toujours des granulations, s'il peut être produit par le sang directement dont il représente une sécrétion, et si les tissus organiques y prennent naissance par transformations successives, — il faut en conclure : que le sang contient des granulations pour pouvoir en fournir, à la manière des cellules ; et que la force vitale qui préside au développement des tissus a sa source dans ces granulations, dans leurs mouvements, attendu que le liquide dans lequel elles nagent ne peut jouir d'aucune vertu créatrice, étant purement et simplement un travail de sécrétion. De ce que les granulations apparaissent dans le blastème, et non dans le plasma sanguin, il ne faut pas en inférer qu'elles n'existent pas dans ce dernier, seulement qu'elles s'y trouvent plus petites, et augmentent de volume dans le travail de production blastodermique.

Le sommeil et la mort jettent un voile sur les yeux. Par le premier ils perdent leur éclat ; ils deviennent tout à fait opaques par la seconde. La cornée, en se ternissant, marque une diminution dans l'activité de ses mouvements nutritifs. *Le regard a moins de feu* est une expression consacrée de la plus grande justesse, qui révèle bien que la force calorique est amoindrie, et par suite la force granulaire, sa génératrice. On voudra peut-être attribuer ce phénomène à une moindre combustion respiratoire, sous l'influence de la respiration ralentie ; mais ce ralentissement n'est bien sensible que quand le sommeil est déjà complet, tandis que le regard perd son éclat aussitôt la sensation du besoin de dormir. En dehors de la propriété de l'oxygène, la force calorique ne peut naître dans la cornée que des mouvements de locomotion granulaire. Au surplus, la combustion respiratoire doit être presque insignifiante dans la cornée qui est si peu vasculaire ; la membrane cornéenne proprement dite n'ayant que des cellules plasmatiques, dans les ramifications et les anastomoses desquelles circule son fluide nourricier ; et la conjonctive cornéenne ayant des vaisseaux si petits qu'à l'état normal ils ne laissent passer que le plasma du sang, non le globule. Il faut donc de toute nécessité admettre des granulations vivantes dans l'un ou l'autre de ces liquides, ou dans les deux à la fois.

La dilatation des capillaires dans l'inflammation est un fait reconnu par tous les micrographes. Elle coïncide avec le ralentissement, puis la stase de la circulation dans les parties enflammées. Quelle en est la cause? Est-ce une paralysie nerveuse des nerfs vaso-moteurs? Cette paralysie expliquerait la dilatation, mais non l'élévation de température qui l'accompagne. Dira-t-on que l'afflux sanguin, occasionné par la dilatation capillaire, augmente la combustion respiratoire, et, fournissant plus de chaleur, devient cause de l'élargissement des vaisseaux? Mais la stase de la circulation s'oppose à l'accroissement de la combustion respiratoire.

Dans tous les cas, la paralysie vaso-motrice ne pourrait convenir qu'aux vaisseaux doués de fibres musculaires; elles ne pourraient dilater ces fibres, que si elles avaient pu contracter. Les capillaires proprement dits n'ayant pour paroi qu'une membrane homogène, avec des noyaux et quelques fibres élastiques, sans aucune trace de fibres musculaires, les filets vaso-moteurs ne pourraient agir sur eux ni pour les dilater, ni pour les contracter. Ce cylindre qui réunit les deux cônes vasculaires n'a pas de mouvements propres.

On n'attribuera pas la dilatation capillaire à la distension mécanique de l'afflux sanguin envoyé par les artères et les artérioles ; car alors la circulation, loin d'être ralentie, serait accélérée ; et, si les parois capillaires n'ont pas de fibres contractiles, elles ont des fibres élastiques qui leur donnent une certaine force de résistance. Pour la vaincre et rendre la dilatation durable, il faut une force intrinsèque au sang, énergique, croissant avec l'inflammation, agissant de dedans en dehors.

Dans quels éléments prend-elle naissance ? Dans les globules ou dans le plasma ?

L'exemple des vaisseaux dits séreux témoigne que les globules y sont étrangers. En effet, ces vaisseaux, trop petits pour recevoir à l'état normal des globules, se dilatent assez dans les inflammations pour leur livrer passage. Nécessairement la dilatation a préexisté à ce passage des globules. Ce n'est donc pas en eux qu'il en faut chercher la cause. Comme du reste les nerfs vaso-moteurs y sont également pour rien, par absence de fibres musculaires, nécessité est d'attribuer la force dilatatrice à des éléments du plasma. Et ce ne peut être qu'à des granulations qu'il tient en suspension, dont les mouvements engendrent par transformation la force calorique.

Qu'on ne s'étonne pas de cette différence entre les granulations sanguines et les granulations cellulaires, les unes visibles, les autres invisibles. La vitalité du sang ne ressemble pas à celle des cellules ; elle est plus active, plus rapide et aussi plus éphémère ; ses supports doivent être en rapport avec elle et par conséquent plus légers, plus mobiles, plus fins et plus fragiles que ceux des cellules.

Tout porte donc à admettre dans le liquide sanguin des granulations vivantes et libres ; libres, c'est-à-dire indépendantes des cellules rouges ou blanches du sang, car, comme je l'ai démontré par des considérations physiologiques ou pathologiques, la force de la vie ne relève pas des globules, directement du moins.

Enfin, je préfère admettre une cause que tant d'effets me révèlent, une cause dont dépend un mécanisme si admirable, plutôt que de rester dans les ténèbres de l'inconnu. La force de la raison ne doit pas reculer devant la faiblesse des sens.

La fonction hématopoiétique est complexe. Le sang se composant de supports vivants et de liquides sécrétés, il faut à ces deux éléments des centres d'élaboration. La séreuse vasculaire tapissant tout le système circulatoire, sa sécrétion s'accomplit partout, la sérosité du sang se produit aussi bien dans le cœur, les artères et les veines, que dans les capillaires. En tenant compte de l'antagonisme entre les sécrétions séreuse et fibrineuse, on peut suppo-

4

ser toutefois que la première a son maximum de développement dans les gros vaisseaux. La sécrétion fibro-albumineuse, au contraire, a pour siége d'élection le système capillaire, où elle est favorisée par le ralentissement du cours du sang. Quant aux supports granulaires et globulaires, le ralentissement sanguin est également indispensable à leur genèse, laquelle paraît exiger en outre une plus grande concentration de forces vives, et le concours de la vitalité cellulaire. Bien que le système capillaire, en général, soit leur lieu de naissance, ils ont pour organes formateurs spéciaux le foie, la rate et les ganglions lymphatiques, si riches en capillaires et en cellules. *Leur formation est un enfantement qui résulte de la conjonction des mouvements intrà-cellulaires et intrà-vasculaires.* — On comprend que le sang puisse se former de toute pièce chez l'embryon, par transformation des cellules et des granulations. Des granulations *ad hoc, sui generis*, sanguines en un mot, prennent d'abord naissance, puis des globules. Ces supports à peine constitués engendrent des forces vives, d'où résulte le plasma, travail de sécrétion, vivifiant lui-même.

En résumé, il y a deux ordres d'éléments dans les vaisseaux :

1° Des supports actifs ou vivants, tirant leur première origine des cellules embryonnaires, et se reformant dans l'organisme complet par fusion ou action réciproque des mouvements intrà-vasculaires et intrà-cellulaires, dans les organes ganglionnaires splénique et hépatique, dont la texture est appropriée à cet usage, mais pouvant le faire aussi dans un point quelconque de l'économie;

2° Un liquide, le plasma, double travail de sécrétion, provenant à la fois de la paroi vasculaire et des supports granulaires.

Entre ces deux ordres d'éléments sanguins, il y a un intermédiaire obligé que constitue la force vive granulaire, laquelle résulte des mouvements vitaux des supports et engendre le travail de sécrétion par voie de transformation.

La genèse des éléments solides du sang démontre la dépendance intime qui rattache ce liquide aux tissus organiques. C'est, du reste, une opinion que Virchow a formulée dans sa *Pathologie cellulaire*.

Elle fait aussi comprendre que l'irritation des organes formateurs des globules blancs peut occasionner la leucocythémie. Une irritation légère, coïncidant avec une stimulation générale, pourrait se tourner en profit pour l'économie, et engendrer la pléthore par transformation rapide des globules blancs en rouges, et prolifération granulaire.

Mais de l'affaiblissement général dans la leucocythémie, ne pourrait-on pas conclure que la rate, le foie ou les ganglions, sécrétant un excès de globules blancs, ne produisent par contre qu'un nombre insuffisant de granulations, ou mieux des granulations imparfaites, malades, éphémères, incapables d'engendrer la dose physiologique des forces vives, et peut-être d'aider à la transformation des globules blancs en rouges? L'altération granulaire mettrait de suite une barrière entre l'anémie simple et la leucocythémie, et expliquerait l'incurabilité de cette dernière. L'augmentation d'eau du sang leucémique, comme de l'anémique, atteste seulement une hypogranulie, sans impliquer l'altération. L'altération des granulations sanguines coïncide probablement avec celle des granulations cellulaires des organes hématopoiétiques, et avec celle de leurs noyaux; ces diverses altérations reconnaissant pour cause première l'influence prolongée et pernicieuse du principe paludéen.

Le sang est le théâtre d'une infinité de mouvements vitaux comme nous venons de le voir; mais il y en a encore une infinité d'autres, en dehors de lui.

Les mouvements intrà-cellulaires ont une existence plus matériellement certaine que les intrà-vasculaires. On sait que les cellules contiennent, outre un noyau et un nucléole, un nombre incalculable de petites granulations grisâtres, de volume variable quoique toujours très-minime, agitées de mouvements divers observés pour la première fois par un physiologiste anglais. Mais Brown n'a pu observer que des mouvements d'ensemble, véritables courants granulaires s'accomplissant dans les cellules, tourbillonnements de vitesses et d'attractions différentes, dont les détails échappent à nos moyens d'analyse. Peu importe que cette rapidité et cette multiplicité de mouvements partiels nous fuient, leur existence n'en est pas moins réelle, les déductions pas moins logiques, et le mécanisme unitaire des forces vives y trouve une nouvelle justification de sa théorie.

Il est de notoriété scientifique que les végétaux sont constitués, les uns par une seule cellule, les autres par des cellules agglomérées, avec ou sans tissus fibreux et vasculaires; ceux-ci ni ceux-là n'ayant de système nerveux et n'en accomplissant pas moins tous les phénomènes de la vie; qu'il est des animaux inférieurs vivant également sans trace de ce système; —que, dans l'ordre de la génération, l'embryon commence son évolution progressive par une seule cellule, et que, plus tard, dans l'organisme complet, la cellule possède encore, en de certaines limites, une existence indépendante.

Ne pouvant attribuer, ni à la force nerveuse, ni à la force vitale sanguine, les phénomènes organiques qui caractérisent la vie cellulaire, faut-il donc en voiler l'explication des nuages de l'inconnu? Non, assurément.

Le mécanisme cellulaire ne diffère pas du mécanisme vasculaire. Mêmes supports, mêmes forces.

La cellule a sa force vitale ou granulaire comme le sang; comme lui elle a sa force calorique, qu'on n'appelle plus ici nerveuse, à cause des bornes étroites de son empire, parce qu'à l'instar de celle-ci elle ne se répand pas dans les nerfs, paraissant concentrer toute son action dans sa sphère natale. Mais, pour n'avoir pas, comme la sanguine, la faculté migratoire, la force calorique cellulaire n'en est pas moins de même nature, accomplissant ses phénomènes par un même mécanisme, et confirmant ainsi l'identité des forces calorique et nerveuse.

Force Newtonienne! principe universel et admirable, la cellule n'échappe pas à tes lois! Gravitation pour les grands corps, attraction pour les petits, obéissent à un seul et même mécanisme. Des milliers de granulations autour d'un noyau central, n'est-ce pas là l'image du noyau solaire entouré d'innombrables corpuscules planétaires? Pour plus de similitude, la cellule nous représente à la fois le spectacle de la gravitation et celui de l'attraction. Les mille et un mouvements des granulations sont réglés par les lois de l'attraction réciproque. Les mouvements d'ensemble, la masse, les courants gravitent autour des noyaux et des nucléoles.

Dans une cellule aussi complète que possible, le noyau est l'image du noyau solaire, les nucléoles remplacent les corpuscules planétaires et les granulations, qui emplissent tout l'espace cellulaire, représentent l'atmosphère. Le noyau, centre d'attraction, agit à la fois sur les granulations et les nucléoles. Ceux-ci s'influencent réciproquement à leur tour ; de telle sorte que la cellule circonscrit une infinité de petits mouvements qui eux-mêmes sont entraînés dans des mouvements plus grands. Les granulations, tout en exécutant leurs mouvements propres, gravitent autour des nucléoles ; puis nucléoles et granulations gravitent ensemble autour du noyau.

Je reviendrai avec plus de détail sur ce mécanisme dans la quatrième partie. (*Vie solaire.*)

Les granulations sont l'élément essentiellement vital de la cellule, comme le noyau en est l'élément essentiellement conservateur. Elles sont le point de départ de toutes forces et de toutes transformations. Aussi bien dans la cellule que dans le sang, elles sont le berceau de la vie. La force vitale y prend naissance.

« Les propriétés spéciales que possèdent les cellules, dit Virchow dans sa Pathologie cellulaire, semblent liées aux propriétés vitales du contenu cellulaire. »

Ces mouvements, incessamment produits, des granulations cellulaires, sont aussi incessamment détruits. Comme dans la nature, aussi bien dans les grandes choses que dans les petites, aucune force n'est perdue, étant toujours transformée, du mouvement éteint (force vive de locomotion) jaillit la force calorique. Celle-ci se transforme en travaux, qui ne sont autres que les phénomènes physiologiques de la vie cellulaire. Les modifications pathologiques y trouvent aussi leur explication.

Quant à la variété des travaux accomplis, elle a sa raison d'être dans les variétés de nature et de groupement des molécules vivantes.

A mesure qu'on s'élève dans l'échelle des êtres, on voit la vie dépendre surtout des mouvements intrà-vasculaires. Plus on descend cette même échelle, plus la vie dépend des mouvements intrà-cellulaires.

Au dernier degré de l'échelle animale et végétale, les individualités ne sont formées que par des cellules vivantes. Dans les degrés supérieurs au contraire, le sang est l'élément *sine qua non* de la vie ; et non-seulement le corps entier meurt instantanément par l'ablation du cœur chez les mammifères, mais un membre, une fraction quelconque de ce membre meurt par l'arrêt de sa circulation. Entre ces deux extrêmes, il y a des intermédiaires tenant à la fois de l'un et de l'autre. Si, par exemple, on arrache le cœur d'un reptile, cet animal vit encore longtemps relativement au mammifère.

Chez l'homme, la vitalité cellulaire paraît se développer quelquefois en raison inverse de la vitalité vasculaire.

Chacun a observé l'accroissement rapide des ongles et des cheveux dans certaines maladies affaiblissantes, surtout dans les cachexies, dans la fièvre hectique. On voit quelquefois ce même phénomène se produire aussitôt après la mort, preuve que la vie cellulaire persiste plus ou moins longtemps après la vie vasculaire. En général, les individus soumis à la *misère physiologique* (expression de M. Bouchardat), ont un accroissement plus rapide de ces appendices.

Comme rapprochement utile, on peut dire que ces mêmes individus sont plus sujets que d'autres aux maladies organiques par transformation cellulaire.

Il y aurait donc antagonisme, en de certaines limites, je ne dirais pas entre ces deux vies puisqu'elles ont un même mécanisme, mais entre ces deux départements de la vie, le département cellulaire et le département vasculaire.

Le cancroïde des lèvres, survenant chez des individus bien constitués, est une exception qui n'infirme pas la règle, ces cellules empruntant alors une suractivité locale de l'action irritante de la pipe. C'est une espèce de traumatisme cellulaire.

Le cancer a souvent pour antécédent plus ou moins éloigné un traumatisme. Mais combien de personnes reçoivent des coups analogues, qui n'ont jamais de manifestations cancéreuses ! C'est que le coup n'est qu'une cause occasionnelle, le tempérament étant la cause prédisposante ou fondamentale. Le cancer survient chez des personnes dont le sang est plus ou moins appauvri, en proie à une altération dont la nature nous est encore inconnue, et dont la suractivité cellulaire, imprégnée elle-même de cette intoxication générale, se développe quelquefois spontanément, d'autrefois à l'occasion d'une excitation locale. Aussi le cancer une fois né, tout traitement irritant se tourne en aliment pour lui. Pour en tirer le plus d'utilité possible, le traitement général et local doit s'appuyer sur les considérations suivantes : — développer la vitalité vasculaire, — généraliser son action, — empêcher sa stagnation dans le voisinage de la prolifération cellulaire.

---

Si nous jetons un rapide coup d'œil sur tes transformations embryogéniques, nous y voyons les dispositions les plus favorables pour la théorie mécano-dynamique de la vie.

Constitution de l'oeuf. — *L'œuf* (vésicule de Graaf ou Ovarienne), est composé de trois couches, d'après Kolliker : — une externe, fibreuse et vasculaire, — une moyenne, amorphe et très-mince, — une interne dite épithéliale. Cette dernière n'est autre chose qu'une série de cellules, disposées en membrane circulaire, et s'accumulant surtout en un point, pour former une *masse cellulaire*, qui proémine à l'intérieur et porte le nom de *disque proligère*. Chacune des cellules de cette membrane contient un noyau et des granulations. L'intérieur de l'œuf est rempli d'un liquide où nagent des granulations, des cellules et des noyaux. Dans la membrane cellulaire et dans le disque il n'y a pas de vaisseaux.

L'*Ovule* (œuf de Baër), contenu dans le disque proligère dont les cellules l'entourent, est composé : — d'une membrane enveloppante, solide et élastique, la membrane vitelline, — d'un liquide *visqueux*, rempli d'innombrables *granulations*, — et de la *vésicule germinative* ou de Purkinje, renfermant elle-même un contenu granuleux et un nucléole. Celui-ci forme :

La *tache germinative* ou de Wagner, nouveau centre de granulations.

En résumé, l'œuf, avant la fécondation, représente quatre cellules incluses les unes dans les autres. La première est la cellule-mère. La seconde, noyau de la première, est cellule de la troisième. La troisième, noyau de la seconde, est cellule de la quatrième. La quatrième, noyau de la troisième, est cellule par rapport à son contenu.

Toutes ces cellules contiennent des granulations attractives, dont les molécules pondérables sont susceptibles de vibrer autour de leur centre d'équilibre. Ayant aussi des noyaux, elles possèdent à la fois l'élément vital et l'élément conservateur.

Comme, à l'exception de la couche externe de la vésicule de Graaf, toutes ces cellules n'ont point de vaisseaux, leur vitalité et leurs transformations ne peuvent dépendre que de leurs propres mouvements; et l'on peut juger de la quantité, de la force et de la variété de ces mouvements, en se rappelant la multiplication des cellules, leur concentration en un point, autour de l'ovule, et les incalculables granulations que renferment tant ces cellules proligères que chacune des vésicules incluses dans la première.

*Cette accumulation des cellules et des granulations autour de l'ovule, centre des transformations, rap-*

*pelle le ralentissement des éléments sanguins autour des parois vasculaires ;* et démontre que les travaux produits sont en raison directe du nombre des granulations et des forces vives qui en naissent. Il y a là une pléthore cellulaire physiologique, nécessaire aux phénomènes qui vont s'accomplir.

Evolution menstruelle. — Les menstrues sont une sécrétion dépendante d'un *travail congestif* des organes génitaux de la femme. Chaque mois, ces organes sont le siége d'une suractivité de forces vives.

La congestion de l'ovaire, des trompes, de l'utérus et du vagin engendre une exaltation des mouvements granulaires, et par suite de la force calorique; pléthore vitale et périodique du système utérin, dont l'excès doit s'éliminer sous forme d'un travail accompli, sous peine de se disséminer dans l'organisme sous le masque de la sensibilité morbide, et même de la fièvre. Ce travail définitif, qui résout l'excès de forces caloriques produites par la fluxion génitale, est de deux ordres : travail de sécrétion muqueuse au commencement et à la fin, travail hémorrhagique dans l'intervalle. L'hémorrhagie peut se faire de deux façons, par rupture vasculaire ou par filtration sanguine à travers les pores invisibles des capillaires de la muqueuse utérine. Les vaisseaux trop distendus se rompent quand il y a suractivité excessive de la force calorique, et surtout quand cette suractivité est brusque, instantanée, ne permettant pas aux parois vasculaires une distension progressive, les éclatant comme une chaudière sans soupage. Alors l'hémorrhagie est plus abondante. — La filtration au travers des pores vasculaires n'est possible que pour la sérosité sanguine et non pour le sang pur, pour les globules par exemple. Elle se fait souvent avant ou après l'hémorrhagie véritable, surtout chez les femmes chloro-anémiques.

Quelques-unes même ne sont réglées que de cette façon pendant un temps plus ou moins long, en raison de la pauvreté de leur sang, c'est-à-dire de l'insuffisance des forces granulaire et calorique ; ce qui, loin d'exclure les souffrances chez ces femmes, en est plutôt une cause fréquente, par le fait de l'élément nerveux qui existe alors. (Voir *État nerveux*.)

Les divers états morbides, qui résultent d'une menstruation supprimée ou entravée, sont une preuve que cette fonction physiologique est à la fois foyer et extinctrice de forces en suractivité ; — foyer, l'élévation de température ne saurait permettre d'en douter, M. le professeur Gavarret ayant constaté à Alfort, en 1842, que, dans le rut, la température des animaux s'élève dans le vagin d'un demi à un degré sur celle des animaux qui ne sont pas en rut ; —

extinctrice, puisque la suppression des règles cause si souvent de la céphalalgie, des douleurs névralgiques, de la fièvre même, en outre de la congestion utérine qui atteint quelquefois le degré inflammatoire. Ce n'est pas évidemment faute de quelques onces de sang que tous ces désordres surviennent. Si le sang n'était qu'un liquide nourricier, ni plus ni moins, la femme, loin d'être incommodée de cette épargne, en recevrait les bénéfices sous forme de bien-être et d'embonpoint. Mais il y a plus que cela, comme je l'ai dit; il y a suractivité de forces vives. Ce sont elles, et non les quelques onces de sang, qui se disséminent ainsi partout, suivant certaines lois que nous étudierons plus tard, et s'épuisent peu à peu dans d'autres transformations équivalentes.

Les mouvements intrà-vasculaires ne sont pas les seuls augmentés dans la pléthore menstruelle. Les intrà-cellulaires le sont également, et même ce sont eux la cause première et périodique du travail congestif utérin.

Tous les mois, en règle générale, un œuf éclot dans l'ovaire. Cette éclosion s'accompagne d'une suractivité des mouvements granulaires intrà-cellulaires, desquels naît un surcroît de force calorique, se résolvant en travail de sécrétion. Par cette sécrétion, l'œuf se remplit de liquide (il y en a déjà un peu à l'état normal), se gonfle, et ses parois distendues éclatent comme les vaisseaux utérins. L'ovule s'échappe, et descend dans la matrice.

- SURACTIVITÉ
  - des mouvements granulaires
    - intrà-cellulaires, (œuf.)
      - force calorique en suractivité,
      - travail de sécrétion,
      - rupture de l'œuf,
    - intrà-vasculaires. (organes génitaux.)
      - travail congestif,
      - force calorique *troisième.*
        - travail de sécrétion,
        - travail hémorrhagique,
        - élévation de température.

TROMPES. — L'œuf fécondé qui pénètre dans la trompe n'est plus formé que d'une cellule, la seconde, l'*ovule,* entourée du disque proligère, cellule majeure qu'enveloppent des cellules mineures. L'une est en voie d'accroissement, les autres en voie de destruction. *Un organe qui se perfectionne consume des forces vives ; — un organe qui meurt en fournit,* en ce sens que ses forces détruites revivent dans une transformation.

Les cellules proligères disparaissent peu à peu, remplacées par une couche de substance albumineuse. C'est le travail de sécrétion, où la force éteinte des cellules s'est transformée.

L'ovule ne peut recevoir que de son intérieur les forces vives dont il a besoin. Les cellules de Purkinje et de Wagner détruites sont pour lui ce que les cellules proligères sont à la sécrétion albumineuse. La mort de ces cellules concentriques équivaut, pour les granulations vitellines, à une suractivité, et même à une surabondance de forces vives. Sous cette influence, véritable poussée vitale, les granulations deviennent plus volumineuses, se groupant, se concentrant en un noyau qui, à un moment donné, se divise et se subdivise dans l'ordre dichotomique. Durant ces phénomènes de concentration et de segmentation successives, les molécules des granulations ont au moins modifié leur groupement ; et les mouvements se multiplient en raison des subdivisions extrêmes. Il en résulte un nouvel accroissement de forces vives.

Au résumé, deux ordres de transformations s'accomplissent dans les trompes, l'une intrà-ovulaire, l'autre extrà-ovulaire. Celle-ci est un travail de sécrétion, dont la force génératrice provient des cellules proligères détruites. La première est un travail de groupement moléculaire, dont la force génératrice provient de la destruction des cellules de Purkinje et de Wagner. Mais ce travail de groupement moléculaire, après avoir consumé une dose équivalente de force calorique pour s'accomplir, est à son tour une nouvelle source de forces vives. Il rend ce qu'il a emprunté, et il le rend au centuple.

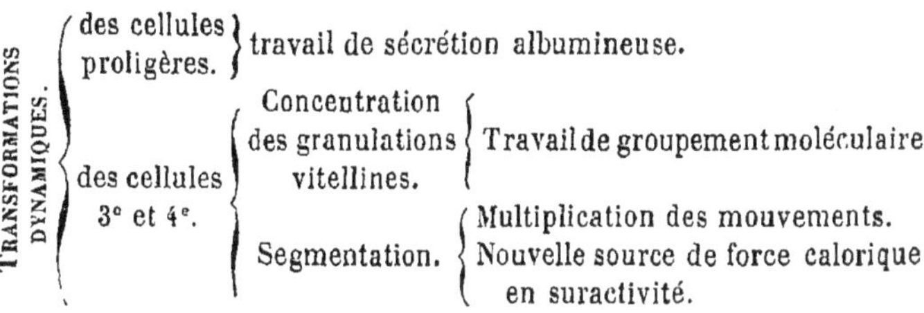


UTÉRUS. — Arrivé dans l'utérus, l'œuf fécondé est formé de deux cellules, incluses l'une dans l'autre : une externe, la vitelline, — une interne, la blastodermique, de nouvelle formation.

La couche de substance albumineuse a disparu, ne formant rien elle-même puisqu'elle n'était qu'une sécrétion. Aucune transformation extrà-ovulaire ne s'est produite. Il n'en est pas ainsi à l'intérieur.

Des granulations vitellines est résultée la membrane blastodermique qui est une cellule, et dont les parois sont constituées elles-mêmes par des cellules aplaties et accolées bout à bout. Je dis les parois, parce que la cellule blastodermique a deux enveloppes : une externe, dite séreuse ou animale, contenant des cellules très-granuleuses, et devant donner naissance, par transformations successives, à la tache embryonnaire, aux téguments, aux organes de la vie de relation, à la membrane et au liquide amniotique ; — l'autre interne, dite muqueuse ou végétative, formée de cellules moins granuleuses, et devant donner naissance au tube intestinal et à la vésicule ombilicale. On remarquera que la couche qui doit éprouver le plus de transformations est aussi la plus granuleuse.

Les innombrables granulations vitellines et leur puissante vitalité sont nécessaires pour la genèse des cellules constituantes de la cellule blostodermique ; comme la multiplicité de celles-ci jointe à leur richesse granulaire, l'est pour la production des organes du fœtus.

L'embryon apparaît sous forme de *tache,* sur la membrané blastodermique, c'est-à-dire sous forme d'un amas plus compact de granulations. La tache embryonnaire est une concentration vitale.

Quel merveilleux développement de forces vives, depuis la rupture de l'œuf jusqu'à l'apparition de l'embryon ! Les supports vitaux s'y multiplient en raison directe des forces qu'ils doivent engendrer et des travaux qu'ils doivent accomplir. Cette relation des supports granulaires, des forces et des travaux est trop évidente et admirable, pour qu'il soit permis de la nier et de rejeter le mécanisme des transformations organiques.

De l'étude attentive des phénomènes embryogéniques, je crois pouvoir tirer les déductions suivantes :

1° Les granulations sont le support vital, point de départ de toutes forces et de toutes transformations;

la force granulaire fournit une somme de force calorique proportionnelle aux mouvements de ses supports.

2° Trois ordres de travaux peuvent s'accomplir dans les cellules : le *travail de sécrétion,* — le *travail de cohésion* ou *de groupement moléculaire,* — le *travail de genèse.*

3° La cellule se forme des granulations par un double travail, un travail de sécrétion et un travail de cohésion.

Des granulations, par refoulement excentrique, se tassent en membrane, s'unissant les unes aux autres par un liquide qu'elles secrètent. A mesure que la sécrétion s'accomplit, les granulations disparaissent; et plus celles-ci se détruisent, plus le liquide s'épaissit, et prend la consistance de membrane. Dans l'enveloppe cellulaire parfaite, la membrane est homogène et transparente, sans trace d'éléments granulaires et nucléaires. Il y a des exceptions à cette loi, qui confirment ma théorie.

4° Les noyaux et les nucléoles se forment de la même manière que les cellules dont ils sont la miniature.

5° Des produits nouveaux, physiologiques ou pathologiques, (embryon, cancer, etc...) prennent naissance, par voie de transformation, des granulations cellulaires (travail de genèse). Mais le travail de groupement moléculaire est le plus important, précède toujours le travail de genèse, et par lui seul s'expliquent les mille variétés de produits qui peuvent germer dans une cellule.

*Transformations cellulaires en général.*

L'étude intime des transformations pathologiques cellulaires nous montre, en toute occurrence, la coexistence des suractivités cellulaire et vasculaire. Si, dans l'équilibre physiologique de la santé, la vitalité des cellules cède le pas à celle du sang ; si, dans l'ordre pathologique, cet équilibre se rompt quelquefois au bénéfice du département cellulaire ; il n'en est pas moins vrai que, dans un organe donné où les cellules possèdent une suractivité morbide, le sang vient aussi concentrer ses forces, obéissant, tantôt à la suractivité préexistante qui lui sert de point d'appel, tantôt à une irritation extérieure commune agissant à la fois sur les deux ordres de mouvements vitaux.

Dans la suppuration, le catarrhe, le cancer, le tubercule, etc., les phénomènes morbides ont une double source dans le sang et dans les cellules. Les mouvements intrà-vasculaires se marient aux mouvements intrà-cellulaires. Le ralentissement sanguin dans les capillaires congestionnés favorise ce rapprochement vital. Les supports granulaires s'influencent, les attractions se multiplient, les mouvements se précipitent, les forces vives s'accroissent en proportion, et viennent s'unir dans des transformations communes ; — promiscuité granulaire dont naît une surabondance de forces, fusion de deux vitalités pour enfanter des travaux communs.

Lorsque ces transformations s'accomplissent dans des organes physiologiquement sécréteurs, accoutumés à ces *conjonctions vasculo-cellulaires*, il n'y a de modifié que la nature du produit, par altération préalable du travail de groupement moléculaire. — Il n'en est pas toujours ainsi. Une suppuration, un cancer, peuvent s'établir dans un tissu quelconque. C'est une sécrétion dans un organe qui n'est pas sécréteur. La nature est deux fois forcée.

La conjonction vasculo-cellulaire, indispensable à l'enfantement pathologique, est par elle-même une cause de suractivité vitale, et devient pour la lésion un aiguillon de rapidité.

La vitalité cellulaire est moins active que la vasculaire ; ses transformations sont plus lentes, ses travaux moins abondants. Les supports sanguins sont plus vivants, mais aussi plus éphémères. Livrée à ses propres ressources, la cellule n'accomplit que lentement ses modifications. Elle a besoin d'un secours, d'un stimulant, qu'elle trouve dans la vitalité sanguine.

La comparaison du squirrhe et de l'encéphaloïde justifie cette opinion. L'encéphaloïde, riche en vaisseaux, a une marche très-rapide. Le squirrhe, presque dépourvu de sang, met des années à se développer.

Le tubercule cause d'autant plus de ravages dans les poumons, que ceux-ci sont plus congestionnés ou enflammés.

De la conjonction vasculo-cellulaire résulte donc, dans un organe donné, une exaltation des forces vives. La force vitale est accrue de par les mouvements granulaires, et d'elle se dégage une force calorique équivalente. Plus le travail congestif sera prononcé, plus intenses seront les mouvements granulaires, et plus vive la force calorique.

Les modifications cellulaires qui se passent dans cette première période sont désignées sous les noms : d'*hypertrophie cellulaire* et de *prolifération nucléaire*.

L'hypertrophie cellulaire peut reconnaître pour cause une exagération du travail de sécrétion physiologique, — une agrégation, véritable prolifération granulaire ; — ou cet état de distension que produit dans tous les corps une accumulation de calorique.

La prolifération nucléaire est une conséquence de la prolifération granulaire. N'est-il pas vraisemblable qu'il existe dans les cellules, avec et outre les granulations visibles, des myriades de granulations invisibles, comme il a lieu pour le sang, lesquelles, à un moment donné, se développent, grossissent, se groupent ensemble, et concourrent à former, par le mécanisme ci-dessus indiqué, des nucléoles et des noyaux ? — Tous ces phénomènes d'hypertrophie cellulaire et de prolifération granulaire et nucléaire sont les effets d'une suractivité vitale des cellules, physiologique ou pathologique suivant les circonstances. — Dans l'ordre pathologique, le travail de prolifération est le moment critique, celui où se prépare, dans le laboratoire des cellules, les éléments des tumeurs futures. C'est alors que se modifient les groupements moléculaires, de mille et mille manières. Dans ce travail vient se résoudre la somme de force calorique enfantée par la suractivité granulaire.

Toute tumeur est en germe dans ce travail, mais n'est pas encore formée. La lésion s'élabore, et n'existe pas ; première étape des transformations morbides, et dernière où vous puissiez triompher par un traitement opportun, étouffer le mal en son berceau, en éteignant le foyer congestif de voisinage et prévenant toute cause d'irritation cellulo-vasculaire. Sinon, les mouvements intrà-cellulaires se multiplient, les granulations s'altèrent, et des suractivités granulaires cellulo-vasculaires découle une source incessante de force calorique, qui préside aux travaux de transformations des éléments vitaux modifiés.

Toute irritation locale agit à la fois sur l'élément cellulaire et sur l'élément sanguin, dont elle suractive la vitalité. Prolongée, elle peut, à elle seule, modifier peu à peu le groupement moléculaire, altérer les granulations, et produire, avec l'aide du travail congestif qu'elle occasionne, une lésion, une tumeur.

Toutefois, cet effet est bien plus facile et bien plus fréquent quand l'irritation locale rencontre des granulations ou des noyaux préalablement altérés. C'est ainsi que les coups ne sont ordinairement que la cause occasionnelle du cancer.

Dans le travail de groupement moléculaire, qui consume une grande quantité de force calorique, le sang continuant toujours d'en fournir, et les cellules elles-mêmes en produisant beaucoup en raison de leur suractivité granulaire de plus en plus grande, les produits differentiels des lésions organiques trouvent leur condition d'existence. C'est alors qu'ils apparaissent : cellule ou globule du pus pour l'inflammation, — cellule ou globule du mucus pour le catarrhe, — cellule cancéreuse pour le cancer, etc., etc. Avec chacun de ces éléments cellulaires coïncide la sécrétion d'un liquide plus ou moins séreux. (Voir plus loin : *Travail de sécrétion*).

## CHAPITRE IV.

### De la trinité cérébrale.

La force calorique, et dans un sens plus restreint la force nerveuse, résultant des mouvements granulaires qui s'accomplissent dans l'organisme, prend comme eux sa source dans tous les tissus à la fois. Comme néanmoins les mouvements intrà-vasculaires en sont la cause principale au point de vue des fonctions générales, celle des mouvements intrà-cellulaires paraissant se dépenser tout entière dans sa sphère natale, il est juste de dire que son intensité est en raison directe de la richesse vasculaire des organes.

Ceux qui ont voulu localiser la source de la chaleur animale, l'auraient sans doute fait de même de la force calorique, s'ils l'eussent connue. Mais tous les faits répugnent à une pareille hypothèse.

La force calorique connue dans sa source, et par suite la force nerveuse, il en faut expliquer le mode de transmission dans l'organisme.

Tubes et centres nerveux, c'est vous que j'interroge! Sensibilité protéique, rapide mobilité, divine intelligence, initiez-moi aux mystères de votre mécanisme! et que je sois digne de publier les secrets de vos merveilleuses transformations!

Les tubes nerveux, dont l'agglomération forme les nerfs, ne sont que les canaux conducteurs de la force calorique.

Les cellules nerveuses, qui constituent la substance grise des centres nerveux, ont des propriétés spéciales, et sont au cerveau, à la moëlle et aux ganglions sympathiques, ce qu'au foie sont les cellules hépatiques, et à la rate les spléniques.

Les tubes nerveux, continus d'une part avec les cellules nerveuses, sont d'autre part en communication intime avec la profondeur de tous les tissus vivants, canaux intermédiaires entre ceux-ci et celles-là. Mais leur mode de communication avec les tissus est une question encore bien obscure ; leur terminaison est un problème incomplétement résolu. Se terminent-ils par des extrémités libres, ou par des anses de retour? Le système nerveux forme-t-il un cercle fermé, à la manière des vaisseaux et du cœur? Y a-t-il une circulation nerveuse dans le sens propre du mot? La solution de pareilles questions est de la plus haute importance.

Si l'œil du micrographe pouvait sonder ces profondeurs des tissus vivants, le doute n'existerait pas. Comme il n'en est pas encore ainsi, il faut se contenter des faits connus.

Néanmoins, il me paraît probable que les tubes nerveux se terminent tous par des extrémités libres, comme on l'a déjà découvert, d'une façon définitive, pour les nerfs des muscles (Robin). Ces tubes nerveux seraient en rapport immédiat, par leurs extrémités très-tenues, avec les parties intimes des tissus. Des extrémités en anse feraient supposer une véritable circulation nerveuse, laquelle impliquerait l'existence d'un liquide ou d'un gaz. Il n'en est rien. Le cercle nerveux n'est pas un cercle fermé. Du reste, le seul mode d'évolution de la sensibilité et de la motilité conduit à cette vérité.

La force calorique, mise en activité par les mouvements granulaires, se propage dans les tubes conducteurs, dans les tubes sensitifs, pour aller frapper et retentir contre les parois des cellules nerveuses. Ainsi vient frapper la balle le mur qui la fait rebondir. Mais entre l'acte purement physique et l'acte physico-organique il y a une grande différence, tant dans le mode de propagation de la force que dans ses transformations.

La balle lancée l'est avec une certaine vitesse, laquelle, force vive de locomotion détruite par un obstacle, se transforme en vitesse de retour, et en chaleur *sensible* au point de rencontre. Plus la vitesse première est grande, la vitesse de retour étant presque nulle, comme il arrive pour certains corps non-élastiques, soit la balle de plomb lancée par un fusil, plus est forte la production de chaleur. Dans le cas contraire, la vitesse de retour étant une force de remplacement et de transformation de la première, la chaleur produite peut être presque nulle.

La force calorique qui se propage par les tubes nerveux ne le fait pas, on le comprend, par un transport de molécules du point de départ au point d'arrivée. N'étant pas une vitesse, mais une vibration, sa marche est une *progression vibratoire.* Chaque molécule vibrant successivement du point de départ au point d'arrivée, et le faisant d'une façon analogue en rapport avec la cause déterminante, la dernière molécule vibratoire transmet la même impression que la première. C'est un coudoyement vibratoire de molécules vivantes.

Les tubes nerveux sont composés de trois couches : — la *gaîne,* couche extérieure, transparente, homogène ; — la *moëlle,* couche moyenne de consistance huileuse, formée de matières ternaires ; — le *cylinder axis,* couche intérieure ou centrale.

« L'enveloppe du tube nerveux, dit M. Morel de Strasbourg, dans son *Précis d'histologie humaine*, page 40, est tout-à-fait anhiste et paraît jouir d'une certaine élasticité. Immédiatement en dedans se trouve une substance molle, amorphe, et de nature albumino-graisseuse, c'est la moëlle nerveuse ou gaîne médullaire. Sur les fibres fraîches, cette moëlle est homogène et forme un tube régulier ; mais, peu de temps après la mort, elle se désagrége et se présente sous forme de grumaux, sur lesquels vient se mouler l'enveloppe externe, ce qui donne à la fibre nerveuse un aspect variqueux. Enfin l'axe du tube est occupé par un cylindre de substance amorphe de nature albumineuse, plus compacte et plus résistante que la moëlle, et que l'on a désignée sous le nom de cylindre de l'axe. Il est extrêmement difficile d'apercevoir le cylindre de l'axe sur des nerfs frais ; quelquefois, cependant, il s'offre sous forme de saillie à l'extrémité brisée d'un tube nerveux..... Dans les nerfs pour ainsi dire vivants, ceux, par exemple, d'un muscle très-mince, encore susceptible de se contracter, on ne distingue qu'une enveloppe et un contenu homogène ; le cylindre de l'axe n'est pas apparent, ce qui a fait supposer qu'il était un produit artificiel. »

Le cylinder axis est le siége naturel des molécules vibratoires, qui portent et disséminent partout la force calorique, comme les vibrations de l'éther répandent la lumière. Si les granulations sanguines sont invisibles, si le cylinder axis lui-même est si peu visible que des auteurs ont nié son existence, *à fortiori* doivent échapper à nos sens les éléments moléculaires, supports de la force calorique.

Les cordons nerveux, se dissociant peu à peu dans les organes, bientôt constitués par un simple tube et finalement réduits au cylinder axis, pénètrent, à raison de cette ténuité excessive, dans l'intimité des tissus, y puisent au sanctuaire de la nutrition la force vibratoire, et la transportent aux centres nerveux où elle rencontre des cellules.

Les cellules nerveuses sont formées : — d'une *enveloppe*, mince et transparente ; — de *granulations* intérieures ; — d'un *noyau* central ; — et de *prolongements polaires* dont le nombre peut s'élever jusqu'à dix et plus.

« Les cellules nerveuses, dit encore M. Morel, page 44, sont très-variables dans leur forme et leur volume. Quelle que soit leur configuration, elles offrent tous les éléments d'une cellule parfaite, ainsi elles ont une enveloppe habituellement fort mince, et même tellement mince que son existense a été mise en doute. Leur contenu est pâle et très-finement granulé, et la plupart du temps on y rencontre des amas plus ou moins considérables de pigment.

Le noyau sphérique a des contours plus foncés et plus nets que ceux de l'enveloppe cellulaire, et, au milieu des granulations qu'il contient, on distingue le nucléole sous forme d'une vésicule assez brillante. »

Jacubowitsch et Owsjanniksoff ont décrit, dans la substance grise des centres nerveux, deux classes de cellules : les unes *grandes*, communiquant avec les tubes nerveux du mouvement ; les autres, trois ou quatre fois plus *petites*, communiquant avec les tubes de sensibilité.

Il va de soi que les molécules caloriques se continuent sans interruption des tubes sensitifs dans les cellules nerveuses, et de celles-ci dans les tubes moteurs, conservant partout leur privilége d'invisibilité. Mais, comme on vient de le voir, en outre de ces molécules, les cellules nerveuses possèdent de véritables granulations vitales, à l'instar des cellules organiques ordinaires : ce qui en fait à la fois des foyers de force vitale et des centres de réflexion calorique ; surcroît de précaution qui ne fait jamais défaut aux organes importants, dans lequel la force moléculaire trouve sur son passage une source nouvelle d'activité.

Différence capitale entre les molécules des tubes et des cellules nerveux et les granulations des cellules en général. Aux granulations la force de locomotion qui se transforme en force vibratoire ; aux molécules la force calorique d'emblée. A celles-là la force vitale; à celles-ci la force nerveuse, fille de la première. Les granulations se meuvent et s'attirent; les molécules vibrent dans leurs limites d'équilibre. Granulations motrices, voilà la source de la vie ; molécules vibratoires, en voilà les moyens de propagation et de transformation.

Pour la simplification du mécanisme, il faut négliger dans son exposé les granulations des cellules nerveuses.

Si l'on admet des tubes sensitifs et des tubes moteurs, ce n'est pas évidemment sur leur propriété personnelle qu'est fondée cette distinction, la force calorique dont ils sont conducteurs étant indifférente aux travaux de transformation. Le caractère différentiel de ces travaux ayant sa raison d'être dans les organes d'élaboration de la force, c'est sur ceux-ci qu'est appuyée la division ; et les tubes sont sensitifs qui aboutissent à la fonction de sensibilité, moteurs qui se rendent à la fonction de motilité.

Faut-il supposer au cerveau autant d'ordres de cellules qu'il a de propriétés distinctes ? — Faut-il croire à l'existence de *cellules de sensibilité,* — de *cellules d'intelligence,* — de *cellules de motilité?*

Dans ma première édition manuscrite j'adoptais cette opinion.

Je disais : — « Dans les cellules nerveuses s'accomplissent les trois grands phénomènes des centres nerveux. C'est là qu'une même force, la calorique, vient se transformer en sensibilité, en intelligence et en motilité. Pour ces trois facultés, la force génératrice est la même, le mécanisme est un, il n'y a de différentiel que la cellule impressionnée et ses molécules vibrantes. Il y a des différences, quelles qu'elles soient, entre les cellules nerveuses de chaque catégorie fonctionnelle. Est-ce dans la texture apparente ? Ou bien dans la constitution moléculaire? Je penche plutôt pour cette seconde supposition. Et une apparence identique ne détruit pas la possibilité d'une dissemblance moléculaire, affectant leur groupement ou leur nature propre.

» Un exemple vulgaire rendra bien ma pensée. Comparez la force calorique à l'oxygène. Qu'une molécule d'oxygène se combine avec une de carbone, il y a dégagement de chaleur. Ce dégagement n'a pas lieu, si une même molécule d'oxygène se combine avec une d'azote. De même, qu'une molécule de vibration calorique vienne impressionner une molécule sensitive, il y a sensation produite. Qu'une même molécule de vibration calorique vienne impressionner une molécule motrice, il y a mouvement; une molécule intellectuelle, il y a idée. Le phénomène produit est différent à chaque fois, et cependant l'agent de transformation, l'agent actif est un, ici oxygène, là force calorique. La différence ne peut donc provenir que des molécules impressionnées. Les molécules d'azote diffèrent de celles de carbone par leur nature et leur mode de groupement. Ainsi les molécules de sensibilité par rapport à celles de motilité et d'intelligence.

» Avec ces données, ajoutais-je, on s'explique parfaitement la transformation d'une même force en phénomènes variables : ici, sensation ; là, idée ; ailleurs, mouvement. »

Telle n'est pas aujourd'hui mon opinion. Je l'ai rejetée pour plusieurs motifs.

Je n'admets qu'un ordre de cellules dans le cerveau ; c'est l'ordre des *cellules intellectuelles*. La trinité de puissance cérébrale n'est qu'apparente. Il y a unité de fonction dans cet organe, comme dans le rein il y a unité de sécrétion, comme dans les glandes diverses en un mot ; non pas que l'intelligence soit une sécrétion, un travail accompli ; loin de là ; c'est une force.

L'hypothèse des trois ordres de cellules établit une double erreur, tant en séparant la sensibilité de l'intelligence, qu'en donnant le cerveau, ou, d'une manière plus générale, les centres nerveux pour organes d'élaboration du mouvement.

Impossible de séparer la sensibilité de l'intelligence, de concevoir l'une sans l'autre. Qui dit sensation, dit rapport de l'intelligence avec l'objet impressionnant. Si, l'esprit fortement tendu par une préoccupation, un corps quelconque est mis avec vous en contiguité, vous n'avez pas sans doute la connaissance du corps touché, mais vous n'êtes pas inconscient du contact. L'esprit ne pouvant à la fois se livrer à deux conceptions avec une égale intensité, la sensation du seul contact s'explique naturellement. Vous le sentez, et vous le savez; tandis que, dans l'hypothèse d'une faculté sensitive distincte, vous auriez une sensation non conçue, une sensation qui n'existerait pas pour le moi, un néant, chose absurde.

A l'appui des faits physiologiques, l'observation clinique nous montre toujours la sensibilité détruite là où l'intelligence est éteinte. Coma, insensibilité. Les anesthésies hystériques avec parfaite conservation de l'intelligence ne sont pas contradictoires de ce que j'avance, ayant leur cause en dehors des cellules cérébrales et dans les tubes nerveux sensitifs, comme on le verra plus tard. (*Névralgie, in Pathologie unitaire*).

A l'égal de la sensibilité, le mouvement volontaire n'existe pas sans l'intelligence. Les mouvements qui proviennent des nerfs médullaires et ganglionnaires, sans participation du cerveau, sont involontaires, ni la moëlle, ni les ganglions sympathiques n'ayant de cellules intellectuelles. Le sommeil, intervalle de la vie où l'esprit est séparé du monde extérieur, détruit à la fois la sensibilité et le mouvement volontaire. Le corps a des impressions qu'il ne sent pas ; il exécute des mouvements dont il n'a pas conscience. L'étude des maladies nous montre enfin, avec l'extinction ou la suspension intellectuelle, la double suspension de la sensibilité et de la motilité volontaire. Tel est le coma.

La sensibilité fait donc partie intégrante de l'intelligence. Le mouvement n'en fait partie qu'en tant qu'il est volontaire. Et, comme bientôt je ferai voir que la motilité n'a pas sa source dans les centres nerveux, il en résulte que la trinité cérébrale est réduite à l'*unité fonctionnelle.*

Un mot seulement de la forme des cellules nerveuses.

On a admis tour à tour des cellules apolaires, des cellules unipolaires, bipolaires et multipolaires. La science laisse encore beaucoup à désirer sur ce point. Néanmoins, il semble probable aujourd'hui que presque toutes les cellules nerveuses sont multipolaires ; les cellules polaires et unipolaires n'étant pas sans doute des cellules adultes et dans toutes les bonnes conditions d'activité fonctionnelle.

Les cellules multipolaires sont seules bien acquises

à la science, communiquant avec des tubes sensitifs, des tubes moteurs, et une ou plusieurs cellules du voisinage.

D'après Bidder, il n'existe dans la substance grise de la moëlle que des multipolaires, communiquant : — avec un tube ascendant qui monte vers l'encéphale, — avec un tube centripète ou sensitif, — avec un tube centrifuge ou moteur, — avec un tube anastomique reliant les cellules du côté droit avec celles du côté gauche.

Voici ce que dit M. Morel sur la forme des cellules page 44 : « Eu égard à leur forme, les cellules nerveuses ont été divisées en cellules apolaires ou sphéroïdes, unipolaires, bipolaires et multipolaires. Les premières n'ont que des rapports de contact avec les parties voisines du système nerveux ; mais les autres se continuent par leurs prolongements avec des fibres nerveuses, ou bien s'anastomosent entre elles, comme il est facile de le constater, par exemple, dans la substance grise du cervelet. »

---

# CHAPITRE V.

## Intelligence et sensibilité.

L'intelligence est une force vive, la force vive par excellence. Comme à toute force, il lui faut un support. Une force sans support est une abstraction chimérique, un non-sens. C'est un effet sans cause.

La force vive intellectuelle a un support qui est, si je puis ainsi dire, tout ce qu'il y a de plus immatériel dans la matière. C'est l'atome, et l'atome d'une nature spéciale.

Il y a matière et matière ; il y a granulation et granulation, molécule et molécule, atome et atome.

Oui, dans les cellules intellectuelles, l'œil de la raison doit voir des atomes d'une nature spéciale, invisibles à tous les microscopes de la science analytique, réels et indubitables pour le microscope de la raison, se prouvant par leurs effets, à la manière de toutes les choses divines.

Supposez tout ce qu'il y a de plus tenu, de plus subtil et de plus pénétrant ; tout ce qu'il y a de plus actif, de plus puissant, de plus rapide ; imaginez-vous l'indivisible dans la matière, le mouvement perpétuel le plus absolu, indépendant par nature, et pouvant néanmoins s'aider des impressions étrangères ; concevez avec cela une nature spéciale, et vous aurez une idée du support intellectuel, du support de cette force *sui generis*, toujours vivante et susceptible d'un accroissement indéfini.

De tous les degrés de la matière, l'atome intellectuel est le plus vital, le seul essentiellement vital. Son essence est le mouvement, l'attraction atomique, la vie dans ce qu'elle a de plus constant, de plus élevé, de plus parfait. L'intelligence est le fruit de la vitalité de son support.

Loin de moi la pensée de la matérialiser. Préciser sa nature et son origine, éclaircir le vague et le ténébreux qui l'enveloppent, substituer une réalité à une abstraction, donner une vie spéciale et indépendante à ce qui n'était qu'un souffle indéfinissable, transformer un inconnu en force vive essentielle, ce n'est pas rabaisser cette noble faculté.

Faire sortir l'intelligence de la matière grossière serait commettre, non-seulement une erreur, mais une absurdité et un blasphème. Et ne juger la matière que par ses éléments visibles est s'en former une idée bien incomplète. Telle est cependant notre habitude ; tant notre âme, alourdie par le corps, a de peine à déployer ses ailes ! les molécules éthérées de la lumière ne sont-elles pas de la matière ?

Il y a deux éléments à considérer dans l'espace, qui est le champ de la vie : l'élément support et l'élément force. Comme il y a des degrés dans les forces, il y en a dans les supports. Dans l'échelle des supports, l'atome intellectuel occupe le plus haut degré. C'est en quelque sorte, je le répète, l'immatériel du matériel. Lui seul a une vie essentielle et permanente ; lui seul n'éprouve pas de transformations, à la différence de tous les autres supports dont la vie est contingente et limitée.

La matière est vivante ; et les forces vives, de locomotion, calorique, lumineuse, électrique, intellectuelle, sont les manifestations différentes de ses cinq modalités vitales. La *vitesse*, la *chaleur*, la *lumière*, l'*électricité*, *l'âme*, sont les cinq anneaux de la chaîne immense de la *vie* qui se déroule dans l'espace. Ils sont tous unis entre eux par des rapports intimes de transformation. La force qui part du premier peut se communiquer au dernier, et réciproquement. De ces cinq anneaux, l'âme seule a une vitalité relativement indépendante, et, dans le langage ordinaire, on exprime cette indépendance par la distinction de l'âme et du corps, celui-ci étant constitué par les quatre premiers anneaux.

L'âme est un terme générique composé d'un support et d'une force; comme la chaleur est un terme générique, qui embrasse un support moléculaire vibratoire et la force calorique; comme la lumière pour son support moléculaire éthéré et la force lumineuse; comme la vitesse, dont les éléments sont un support granulaire, corpusculaire, etc..., et la force de locomotion.

J'appellerai le support de l'âme *animatome;* sa force est la force intellectuelle. L'animatome et sa force sont les éléments constituants de l'âme.

Oui, la matière est vivante; et les débris inanimés, qui couvrent la surface de notre planète, sous forme de poussière, de pierres ou de bois mort, lui sont ce qu'à notre corps est l'efflorescence de l'épiderme.

Oui, hommes superbes! oui, vous marchez et vous vivez sur la desquamation d'une planète, dont la poussière épidermique, par les vents amoncelée, suffit pour vous engloutir.

L'intelligence est une force vive, et une force de locomotion atomique; — force, comme pouvant produire des travaux par voie de transformation; — force de locomotion, par cela qu'elle trouve en elle-même sa raison d'être, à la différence de la vibration qui ne s'entretient que par transformation de la vitesse ; — force de locomotion atomique, l'atome, indivisible et quasi-immatériel, étant seul capable d'une vitalité indépendante et continue.

Inconnu personnellement dans sa nature, proclamé hautement par ses effets, l'atome intellectuel, assurément, n'a rien de commun avec la matière visible et tangible.

Du reste, la spécialité de l'intelligence prouve celle des animatomes ; de la spécialité de la force on conclut à celle du support ; l'effet révèle sa cause. Car, tout ce qui se meut, tout ce qui vibre, tout ce qui a vie enfin est une force basée sur un support. — Deux ordres de forces dans l'univers : une force de locomotion, une force de vibration. L'existence de celle-ci est dépendante de celle-là. Seule, et de son sein, la première tire sa vitalité. La vie en général est un grand fleuve, dont la force de locomotion est la source, et dont les différents bras sont représentés par les forces de vibration. Mais, dans la vie universelle comme dans la vie animale, il y a deux sources vitales : la source matérielle proprement dite et la source atomique ; deux modes de l'être, l'âme et le corps. Un mécanisme unique de transformation préside à la multiplicité des formes. De ces deux modes vitaux celui de l'âme est le plus élevé, de beaucoup supérieur à celui du corps.

Animatomes et intelligence sont les deux espèces

du genre âme, l'espèce support et l'espèce force.

La force calorique, parvenue par vibrations successives jusqu'aux cellules cérébrales, y rencontre des conditions nouvelles d'activité. Ce n'est plus un cylindre étroit, où, retenues captives, les molécules caloriques sont contraintes de vibrer, dans une progression continue, du point de départ au point d'arrivée; c'est un espace relativement grand où les molécules plus nombreuses ont plus d'aisance et de variété dans leurs vibrations. Ce n'est plus un simple tube conducteur où aucun support étranger n'apporte son influence, c'est le réceptacle commun de granulations vitales et de molécules caloriques, où celles-ci se retrempent de l'activité de celles-là, où un noyau conservateur et attractif vient encore ajouter sa double propriété.

En raison de leurs granulations motrices et du noyau central, il faut considérer les cellules nerveuses comme des organes d'augmentation et de prolongation de la force calorique, nouvelle puissance indispensable à l'importante transformation qui se prépare, et que favorisent l'accroissement numérique et l'élargissement vibratoire des molécules.

Plus d'activité et plus de durée, voilà ce que la force calorique acquiert dans les cellules nerveuses de par la force vitale; mais de par la puissance attractive et concentrative du noyau, elle prend en outre de la consistance vibratoire, c'est-à-dire qu'elle est par lui garantie contre les vibrations immodérées et disproportionnées avec la cause impressionnante.

Les cellules nerveuses sont donc, pour les molécules caloriques et leur force, une source de *redoublement*, de *persistance*, et de *consistance* vibratoires, trinité de modifications nécessaire à la transformation de cette force en force intellectuelle ou en force motrice musculaire.

En outre de cette propriété, les cellules nerveuses ont dans le cerveau une fonction toute spéciale. Avec les granulations vitales, avec les molécules caloriques, elles renferment les animatomes ; dans leur sein s'agitent les trois ordres de supports vitaux qui composent la vie animale. Réceptacles des animatomes, les cellules cérébrales sont des *cellules intellectuelles*, où s'accomplissent toutes les diverses manifestations de l'âme.

La force calorique, impressionnant directement la cellule nerveuse, s'y transforme d'abord en sensation à l'état physiologique, et en douleur à l'état pathologique, celle-ci n'étant en réalité qu'une exagération de la première, qu'une sensation morbide.

La sensation, c'est l'impression perçue par le moi ; c'est le point commun qui rattache l'âme et le corps, pont vivant entre l'immatériel et le matériel, soudure entre le monde physique et le monde idéal, phénomène complexe qui commence dans le corps pour s'achever dans l'âme.

Les choses extérieures ne sont, pour la sensation, que des causes occasionnelles; elles en déterminent la formation et le mode ; mais son mécanisme en est indépendant, ayant sa raison d'être dans l'organisme.

Une impression, faite à la périphérie des nerfs, est aussitôt propagée aux cellules nerveuses par la vibration calorique. La périphérie est passive dans cet acte, ne sentant pas par elle-même; tellement que, séparée des cellules, elle rend toute sensation impossible. La cellule, qui reçoit l'impression communiquée, la perçoit; en elle se fait la sensation, par transformation de la force calorique en force intellectuelle.

C'est l'âme qui sent, par l'intermédiaire du corps, le contact du monde physique, et qui se met en rapport avec lui.

Si là s'arrêtait le mécanisme de la sensation, celle-ci serait perçue à son point de formation, dans le cerveau, et non à la périphérie, à l'endroit de l'impression. Mais, aussitôt l'impression transformée en sensation, à la *vibration d'arrivée* succède une *vibration de retour*. La première est centripète; la seconde est centrifuge. L'une porte à la cellule l'impression de la périphérie ; l'autre transmet à celle-ci la sensation cellulaire. La périphérie reçoit l'impression et ne la sent pas ; la cellule forme la sensation et ne la garde pas. C'est que celle-ci, comme centre d'élaboration, est un point d'appel pour l'impression qu'elle attire ; et que celle-là, point de départ de l'impression, est un point d'appel pour la sensation qu'elle attire. La sensation n'a que faire dans la cellule ; l'impression n'a que faire à la périphérie. Leur raison d'être à toutes deux n'est pas au point de formation.

Que, du reste, on ne trouve aucune incompatibilité entre le chemin parcouru par la force calorique et l'instantanéité de phénomènes produits. Lorsqu'une contraction succède à une sensation, ou une convulsion à une douleur, nous ne saisissons aucun intervalle entre les deux actes ; ils nous paraissent instantanés. Et cependant de l'impression, point de départ, à la contraction ou convulsion, point d'arrivée, le chemin parcouru est aussi long que dans les deux vibrations d'une sensation simple. Dans un cas, la force calorique a traversé deux nerfs différents ; dans l'autre, deux fois le même nerf. C'est que la progression vibratoire se fait avec une très-grande rapidité. Helmholtz a calculé que la vitesse du courant nerveux est d'à peu près 32 mètres par seconde chez l'homme; c'est-à-dire, que la sensation et la contraction sont instantanées, vu le peu d'étendue de notre corps.

S'il m'était permis d'employer une comparaison vulgaire, pour achever de rendre ma pensée, je dirais que la periphérie est une sentinelle entre le monde extérieur et les centres nerveux, et que l'impression est une *dépêche* qu'elle envoie à la cellule cérébrale, dont elle attend la *réponse*. La transmission de la dépêche et de la réponse est instantanée. La réponse, c'est la sensation qui revient à la périphérie.

L'impression se fait à la périphérie, et vous ne doutez pas qu'elle ne soit perçue par la cellule. De même, la sensation se fait dans la cellule, et c'est à la périphérie qu'elle est perçue. Ce n'est pas que les extrémités nerveuses soient susceptibles de sentir par elles-mêmes; nullement; puisque, séparées du centre, elles rendent impossible toute sensation. Mais la vibration de retour ne ressemble pas à la vibration d'arrivée. Elle a subi une modification dans la cellule ; ce n'est que comme telle qu'elle devient sensation périphérique. Elle est sensation de par la cellule; elle est sensation périphérique par la vibration de retour. Ce n'est plus la dépêche, c'est la réponse. La cause de ce retour, c'est, je l'ai dit, l'attraction périphérique ; comme l'attraction cellulaire est la cause de transmission de l'impression.

Quelle est cette modification de la vibration rétrograde?

La vibration d'arrivée, chargée de l'impression, si je puis ainsi dire, s'est transformée dans la cellule intellectuelle en mouvements atomiques, desquels est résultée la sensation, ou la force intellectuelle appliquée à la connaissance des corps. La force de locomotion des animatomes s'est à son tour transformée en force de vibration calorique, laquelle revient par les tubes sensitifs à la périphérie, à son point de départ. C'est la vibration de retour modifiée par l'impression des animatomes, et chargée de la sensation, comme la vibration d'arrivée l'était de l'impression.

On voit donc que, toujours et fatalement, la sensation est périphérique, bien que son élaboration se fasse dans les cellules centrales.

La sensation périphérique se fait parfois dans des conditions moins explicables en apparence; soit que l'impression parte d'un point quelconque du trajet d'un nerf sensitif, soit qu'elle provienne des centres nerveux eux-mêmes; soit, ce qui paraît plus étonnant, qu'elle affecte un nerf dont les extrémités n'existent plus pour cause d'amputation, ou, si elles existent, ne sont plus en communication avec les centres, à cause d'un obstacle quelconque. Dans tous ces cas, la sensation périphérique a lieu, et doit se comprendre comme il suit :

Le premier cas est le plus simple. Je suppose le nerf cubital comprimé au niveau de l'épitrochlée, dans cette gaîne où il est superficiel. Rien n'est changé dans la vibration première; la sensation se fait dans la cellule, et revient au point d'impression par la vibration de retour. Si l'impression a été modérée, la vibration de retour s'y arrête, et la sensation est perçue uniquement au niveau de l'épitrochlée. L'intensité et la rapidité de la vibration dépendant de sa cause occasionnelle, une violente impression produira une vibration d'arrivée telle que la sensation sera douleur, et une vibration de retour telle, que, ne rencontrant aucun obstacle, elle se répandra dans les extrémités du nerf cubital, déterminant, comme sensation périphérique, un engourdissement de l'annulaire, de l'auriculaire et de la moitié interne du médius. Si l'impression a été encore plus violente, non-seulement il y aura douleur au niveau de l'épitrochlée, mais aussi douleur périphérique.

Admirez la graduation de ce phénomène : — impression légère, sensation simple au point de départ; — impression plus forte, douleur au point de départ, engourdissement périphérique; — impression très-forte, douleur au point de départ et à la périphérie.

La douleur témoigne donc une irritation plus vive que l'engourdissement.

Lorsque l'impression part des centres nerveux, elle a son origine ou dans la substance blanche, ou dans la substance grise. Si dans la grise, l'impression se confond avec la sensation, et il n'y a pas de vibration première. Si dans la blanche, il y a une vibration d'arrivée plus ou moins longue, cette substance étant formée de tubes nerveux qui y décrivent des tours incalculables; l'impression ne se confond plus avec la sensation. Dans tous les cas, le mécanisme est le même; et, si l'impression est assez forte, la vibration de retour engendrera la sensation périphérique.

Pour fixer les idées, soit l'encéphalite aiguë, à sa première période. Elle est caractérisée, outre les douleurs de tête gravatives ou lancinantes, par des engourdissements, des douleurs, des crampes et des mouvements convulsifs dans les membres. Je ne m'arrête ici qu'aux phénomènes de sensibilité.

L'encéphalite, constituée anatomiquement par un travail congestif et des dépôts inflammatoires dans le cerveau, est pour cet organe une source de compression et d'irritation. Cette impression morbide y produit une sensation, qui se traduit par la sensation périphérique, simple engourdissement des membres parfois, véritable douleur en d'autres instants. Il y a des céphalalgies qui ne sont aussi que des sensations périphériques. Comme nous avons vu que l'engourdissement accuse une irritation (impression) moins forte que la douleur, on peut, par ces phénomènes, avoir quelque idée des progrès et de la marche de la phlogose cérébrale.

La sensation périphérique est, dans ces cas, la révélatrice des phénomènes encéphaliques. C'est la réponse du cerveau malade au médécin qui l'interroge.

Pourquoi la sensation périphérique ne se feraitelle pas alors, s'il n'y a aucun obstacle à la vibration de retour ? Elle se fait, et mérite toute notre admiration en raison de son utilité.

Les douleurs, quelquefois si persistantes, qu'éprouvent, dans un endroit quelconque du corps, les malades atteints d'encéphalite chronique ou mieux de méningo-encéphalite chronique ; toutes ces sensations bizarres, qu'on a dénommées hallucinations ou illusions, ne sont que des sensations périphériques, affectant tantôt un nerf sensoriel, tantôt un nerf quelconque, dont la source et le mécanisme sont toujours une impression morbide du cerveau par les éléments inflammatoires, et une vibration de retour des cellules cérébrales à un point quelconque de la périphérie ; ce qui ne détruit pas l'influence possible d'une cause occasionnelle extérieure.

Ces sensations périphériques bizarres sont donc encore des *criterium de certitude* pour le médecin qui traite une méningo-encéphalite chronique.

Ce que je dis de ces maladies peut s'appliquer à toutes les maladies des centres nerveux. Une tumeur quelconque du cerveau, cancéreuse, kystique, détermine les mêmes sensations périphériques que l'encéphalite : engourdissements, douleurs, crampes, convulsions, plus tard paralysie. La seule différence est dans la marche de la maladie. Tant il est vrai qu'il faut étudier les maladies, non dans les symptômes en eux-mêmes, mais dans la marche et la succession de ces symptômes !

La sensation périphérique dans le cas d'amputation, celle qui donne la sensation du pied ou de la main au blessé qui ne les a plus, ne peut certes pas s'expliquer par la seule vibration de retour, celle-ci ne se faisant pas jusqu'à des extrémités qui ne sont plus. Il faut introduire dans la question un élément nouveau.

L'impression périphérique étant physiologique, habituelle, les molécules des tubes nerveux se forment une vibration en rapport avec elle, et spéciale pour chaque tissu. Les cellules cérébrales modèlent leur sensation sur le mode vibratoire des molécules caloriques. Si, dans de telles conditions d'activité, on vient à amputer un membre, l'impression faite au moignon ne modifiera ni la vibration moléculaire, ni la sensation, c'est-à-dire les mouvements atomiques correspondants à la vibration. Le mode vibratoire, étant un fait accompli à la longue, ne peut se changer qu'à la longue également. C'est pourquoi la sensation du membre perdu diminue progressivement de mois en mois, d'année en année, pour s'éteindre définitivement à une époque qu'il est impossible de fixer d'avance, d'autant mieux que quelques amputés conservent toute leur vie cette sensation, mitigée il est vrai.

On a pu varier, dans les vivisections, ces conditions organiques; soit en irritant sur son trajet un nerf entier, soit en l'irritant, une fois coupé, dans son extrémité centrale; soit en irritant les centres nerveux eux-mêmes.

Irritations mécaniques, chimiques, galvaniques et pathologiques, doivent toutes être considérées comme analogues quant au résultat brut; et, étant une exagération des stimulants physiologiques, produire une exagération de la sensibilité, la douleur.

Il faut savoir, du reste, que, dans toutes ces expériences sur des animaux vivants, ni les nerfs, ni les centres nerveux n'ont présenté de modification apparente. Cela ne détruit pas la possibilité d'une modification intime.

La sensation varie suivant la nature de l'impression, et suivant les organes qui la reçoivent. Ce que les tissus sécrétants sont à la qualité du liquide sécrété, tous les organes et toute cause occasionnelle le sont à la sensation. La force calorique, agent actif de transformation, est indifférente à son mode; la cellule cérébrale n'est que le laboratoire qui opère sur ce qu'on lui transmet. Le caractère différentiel des sensations ne peut donc provenir que de deux sources : — des organes ou de la cause occasionnelle, c'est-à-dire, de la nature de l'impression.

C'est l'impression qui fait la sensation, la mise en acte de la sensibilité.

La sensibilité est une faculté purement cérébrale, qui ne relève que des cellules intellectuelles. Dans la moëlle, dans les ganglions sympathiques, dont les cellules ne contiennent pas d'animatomes, mais uniquement des molécules vibratoires et un noyau calorique, il n'y a pas de sensation possible. Les cellules ganglionnaires et médullaires sont purement et simplement des *cellules caloriques*, douées des propriétés précédemment étudiées.

Les membres reçoivent leurs nerfs de l'axe rachidien, et, sans aucun doute, vous percevez toute impression faite sur eux. C'est que les cellules de la moëlle sont en communication avec celles du cerveau. Mais qu'une cause quelconque, pathologique ou accidentelle, vienne à interrompre cette communication, aussitôt vous n'avez plus aucune sensation correspondante aux impressions des membres, et, qui plus est, vous n'y pouvez plus exécuter des mouvements *volontaires*. Double fait, double preuve. C'est, comme je l'ai déjà dit, que des cellules intellectuelles dépendent, non-seulement la sensation, mais encore le mouvement volontaire.

Les intestins reçoivent leurs nerfs du grand sympathique.

Le rectum seul reçoit, en outre des précédents émanés du plexus solaire, des nerfs provenant du centre cérébro-spinal, par l'intermédiaire des plexus hypogastrique et sacré. Cette différence explique pourquoi, seul, le rectum donne une sensation physiologique, dans le besoin de défécation. Dans le reste de l'intestin, les contractions péristaltiques n'éveillent aucune sensation ; et celle-ci ne s'y produit qu'à l'état pathologique, dans les coliques par exemple.

L'estomac est également animé par deux ordres de nerfs, ceux du plexus solaire qui le rattachent au système sympathique, et ceux du pneumo-gastrique à l'encéphale. Cette seconde dépendance lui procure une sensation physiologique, le besoin de manger.

Aux viscères, comme aux membres, la sensation a sa raison d'être dans la communication des cellules sympathiques avec les cellules encéphaliques.

C'est toujours dans les cellules intellectuelles qu'elle s'accomplit. Son existence constante à l'état pathologique, quel que soit le point de départ de l'impression, reconnaît pour cause l'intensité de celle-ci, laquelle, communiquant une plus grande rapidité vibratoire aux molécules caloriques, leur permet quand même d'atteindre le cerveau.

Ne confondons pas une simple impression, quelle que violente qu'elle soit, avec l'irritation morbide. La première agit directement sur le nerf, dont elle suractive directement les molécules vibratoires. La seconde, toujours escortée d'un travail congestif ou même inflammatoire, y puise à la fois une surabondance et une suractivité de force calorique, qui monte vers l'encéphale par les tubes sensitifs. Ces deux conditions sont souvent réunies; mais celle-ci est toujours plus puissante que celle-là. Un corps étranger produit, presque instantanément, l'impression directe et l'irritation morbide.

L'absence de sensation, dans les fonctions physiologiques du système sympathique, tient à sa dispotion et au calibre de ses tubes.

D'après le professeur Robin, à ce système appartiennent surtout les tubes minces, moteurs et sensitifs. On y trouve environ un tube large pour dix tubes minces. Les tubes larges sont, au contraire, en majorité dans le système encéphalo-rachidien.

Dans l'existence de ces tubes minces et dans celle des nombreux ganglions du système splanchnique, ne peut-on pas voir la cause de son mode d'action? et regarder la lenteur relative de ses évolutions fonctionnelles, comme dépendante de vibrations moins étendues dans des tubes plus minces, et moins rapides dans des cellules plus nombreuses ?

D'une manière générale, les cellules nerveuses doivent être considérées comme ralentissant la progression vibratoire de la force calorique en raison de leur espace, servant de champ de diffusion, et de l'attraction nucléaire. Ce ralentissement est tout au profit de la fonction. Et le courant vibratoire centrifuge est plus puissant que le courant centripète.

Ces conditions donnent une explication rationnelle de l'absence de sensibilité normale des viscères, en y joignant la quantité relativement peu considérable des tubes sensitifs. A l'état pathologique, l'impression, étant plus forte, détermine quand même une sensation.

Je ne me suis encore occupé que de la sensation, cette chaîne matérielle de l'âme, mourant avec le corps, et momentanément suspendue chaque fois que la force calorique abaisse assez son niveau d'activité pour ne plus pouvoir se transformer en force intellectuelle ; comme il arrive dans le sommeil et dans les heures d'agonie de la vie humaine, alors que l'intelligence, conservant toute sa force intrinsèque, ne reçoit plus les impressions de la force calorique. Quel praticien ignore cette grande vérité que le moribond, même doué de son intelligence, demeure insensible tant aux stimulants physiologiques qu'aux excitants thérapeutiques! Les sinapismes, les vésicatoires posés *in extremis*, non-seulement ne produisent le plus souvent aucun effet, mais ne sont pas sentis par le malade. Le corps vit, l'âme vit; mais le lien qui les unissait se dissout, la chaîne matérielle de l'âme est rompue.

La force intellectuelle consume, pour se produire dans les conditions de notre être, une somme de force calorique variable. Pour la sensation simple, phénomène physiologique, la dépense calorique est minime, quoique toujours équivalente; ne détruisant en rien l'équilibre des autres fonctions, elle est inappréciable. La douleur, preuve évidente qu'elle est une sensation pathologique, consume une dose de force calorique proportionnelle à son intensité. De toutes, les douleurs dites nerveuses sont celles dont la consommation est la plus grande; et, parmi ces dernières, les douleurs antéralgiques tiennent le premier rang. Affaiblissement extrême, refroidissement périphérique, sueurs froides, altération des traits, tels sont les principaux symptômes qui escortent un accès d'entéralgie et en sont la conséquence.

La douleur est une cause d'épuisement bien plus grande et bien plus rapide que la sécrétion. Comparez, chez un malade atteint d'entérite chronique, les crises à coliques violentes et celles à diarrhée copieuse. Supposez même le cas où de violentes coliques s'accompagnent d'une sécrétion insignifiante, et celui où des selles abondantes n'occasionnent que peu de douleurs. Eh bien ! vous serez frappés de la différence de ces deux cas. Dans le premier, les coliques produisent les mêmes phénomènes généraux que l'entéralgie. Dans le second, il y a seulement un peu d'affaiblissement musculaire et de tendance au refroidissement.

Ce que font la sensation et la douleur, la conception des idées le fait à un degré non moins grand. L'intelligence proprement dite consume plus de force calorique que la sensibilité ; mais la douleur, phénomène aigu, garde la supériorité d'une dépense plus rapide.

Supposé l'impression, la sensation est un acte physiologique forcé. Mais *l'idée* et le *mouvement volontaire* sont des phénomènes physiologiques libres, consumant plus, chacun, de force calorique que la sensation. L'enfantement des idées est le travail le plus coûteux de l'organisme sain ; c'est pourquoi si peu d'hommes en sont capables. Je n'entends pas parler de la conception des idées d'autrui, ou des choses qui frappent nos sens; mais bien des idées neuves qui font l'homme de génie. Il y a de grandes découvertes dont l'éclosion est lente et s'opère par le concours de chacun; elles représentent le génie d'une époque et d'une nation, non celui d'un homme, et n'entrent pas dans les considérations précédentes; auxquelles appartiennent seulement les sublimes vérités que le cerveau du même individu a vu naître et se développer.

Cependant tout travail intellectuel, quel qu'il soit, consume, à un degré variable, de la chaleur. Et, si ce travail est réputé, avec raison, plus fatigant que le manuel, c'est que dans celui-ci la dépense calorique se trouve alimentée par la suractivité granulaire qu'occasionnent les mouvements.

Voyez l'homme d'étude. Ses muscles sans vigueur, ses fonctions languissantes, son peu de résistance au refroidissement extérieur, tout témoigne chez lui d'un affaiblissement vital. Toutes les forces de l'organisme étant concentrées dans une seule fonction, il est aisé de concevoir l'allanguissement des autres. L'âme se développe en raison inverse du corps.

Le travail intellectuel a des stimulants d'un autre ordre que le manuel; ce sont principalement la contemplation de la nature et le désir de la gloire.

La gloire est, d'une manière générale, la proclamation publique d'une supériorité. C'est le but atteint du voyage, le couronnement de l'œuvre. Pour l'*homme musculaire*, la gloire est l'aveu unanime de sa force supérieure. Pour l'*homme sensuel*, de l'excellence de ses goûts. Pour l'*homme intellectuel*, de la transcendance de son génie. L'homme de génie est un athlète de l'âme. Mais à côté de ces gloires légitimes, dont la dernière est souvent refusée par l'envie des vivants, la société nous offre une foule de gloires fausses et usurpées.

Le travail intellectuel, ai-je dit, consume de la force calorique en raison directe de son élévation et de sa durée. Cette proposition, vraie bien que trop absolue, est complétée par la suivante :

L'*inspiration* du génie amoindrit la dépense calorique du travail intellectuel, et l'épuisement qui en résulte ; cet amoindrissement est en raison directe de l'inspiration.

Qu'est-ce donc que l'inspiration? Parlons d'abord du génie.

Il y a deux sortes de génie, distincts par leur mécanisme. L'un est essentiellement le fruit de la force intrinsèque de l'âme, aidée secondairement par la transformation de la force calorique. L'autre a sa source principale dans le système nerveux, dans la calorique sensitive et sa facile transformation en force intellectuelle. Le premier est la voix directe de l'âme: le second, la voix de l'homme, celui-ci inférieur à celui-là. Le *génie de l'âme* a pour noble stimulant l'amour du vrai, du beau, et du bien. Le *génie de l'homme* a souvent besoin, en outre, des stimulants ordinaires qui agissent par l'intermédiaire du corps. Tels s'inspirent des sensations; tels excitent leur force nerveuse par l'usage du café, etc...

La véritable inspiration n'appartient qu'au génie de l'âme; elle n'est autre chose que la *suractivité spontanée de sa force intrinsèque*. La suractivité intellectuelle de l'inspiration est parfois tellement indépendante, et se déploie dans une sphère élevée avec une telle aisance, que l'âme semble avoir oublié les liens qui la rattachent au corps, et goûter prématurément le bonheur indicible de sa liberté. Trois fois heureux le mortel qui a connu la folie éphémère de cette liberté!

Aux ailes de ce génie la force calorique est d'un faible secours; et, dans des moments d'égarement céleste, seul il vole vers l'inconnu; la force vibratoire émane de supports trop grossiers pour lui être alors de qnelque utilité. Par contre, si les forces du corps sont impuissantes à atteindre la hauteur du génie de l'âme, il semble que celui-ci ait déversé son trop-plein sur les molécules matérielles qui l'entourent, pour équilibrer leur taux vital avec le sien. Car, dans ces heures rapides d'indépendance divine, le corps s'anime en raison directe de l'inspiration, bien loin de ressentir aucun épuisement. C'est l'instinct de cette grande vérité qui a présidé aux portraits des sibylles.

Celui qui a besoin des stimulants nerveux, pour élever son intelligence à la hauteur du génie, n'a pas la véritable inspiration, celle de l'âme. Son génie est d'un homme, et ne connaît pas la sublime folie, l'égarement céleste, les éclairs de liberté du premier. Ayant pour source principale la suractivité physiologique de la force calorique, et sa transformation facile en force intellectuelle ; ayant les forces du corps pour point de départ, la vitalité intrinsèque ou spontanée de l'âme étant insuffisante pour lancer son vol au delà de certaines limites et défricher les champs de l'inconnu ; il est tout naturel que la cause s'épuise par son effet, et que le corps se fatigue dans une fonction d'un ordre supérieur.

Du reste, avouons-le, comme preuve de l'humaine faiblesse, le génie de l'âme est fugitif; et le mortel trois fois heureux qui le possède est souvent obligé, à ses heures de défaillance, d'y suppléer par le génie de l'homme. Energique défaillance, il est vrai !

Qu'on me permette une citation comme exemple, et pour achever de rendre ma pensée.

« On a vu de grands poètes, dit M. Villemain, dont l'imagination a toujours travaillé hors d'eux-mêmes et du cercle de leur vie ; simples par les habitudes, sublimes par la pensée; tel Shekspeare, dont la personne disparaît, et qui existe tout entier dans ses inventions poétiques ; tels nos tragiques, Corneille, Racine. C'est là, quoiqu'on dise, la grande imagination. Elle crée ce qu'elle n'a pas vu ; elle entre par le génie dans un ordre de sentiments et d'idées dont elle n'a pas fait l'expérience, et qui ne naît pas pour elle des choses qui l'entourent. Corneille n'avait pas de Romains ni de martyrs sous les yeux ; il inventait ces types sublimes. Voilà le poète au plus haut degré.

» Il est une autre sorte d'imagination plus restreinte et plus physique, pour ainsi dire, qui a besoin d'être excitée par les épreuves immédiates et les sensations de la vie. Le poète alors n'agit pas, ne crée pas ; il souffre et rend vivement sa souffrance. C'est le génie de quelques élégiaques : c'est le tour d'imagination rêveur, égoïste, douloureux, qui a coloré de si vives images la prose de Rousseau et de Bernardin de Saint-Pierre. Byron appartient à cette école. Son imagination est inépuisable à le peindre lui-même, à découvrir toutes les plaies de son âme, toutes les inquiétudes de son esprit, à les approfondir, à les exagérer. Mais hors de lui, il invente peu. »

La différence essentielle entre l'âme et le corps

est cause de la grande consommation calorique qu'exige l'intelligence. Plus cette force calorique pénètre avant dans le champ des idées, plus grande est sa dépense. Les animatomes sont d'un ordre trop supérieur aux molécules vibrantes, pour que la force de celles-ci se transforme en la force des premiers, sans difficulté et déperdition considérables.

Un homme tourmenté de méningo-encéphalite chronique, suite d'alcoolisme, était nuit et jour obsédé d'idées bizarres; il lui semblait avoir accompli tout le mal dont il avait pu, durant sa vie, concevoir le dessein ; et, criminel repentant, on le voyait constamment implorer sa grâce. En dehors de ces idées dont il ne pouvait se défendre, ni sa mémoire ni son jugement n'étaient altérés. Dans les moments d'exaltation douloureuse, il sentait, disait-il, ses idées se *multiplier* et prendre des proportions tellement gigantesques, qu'effrayé et gémissant, il tenait la vie pour insupportable. Interrogé sur l'endroit où il sentait ce bouillonnement d'idées, si je puis ainsi dire, il montrait le front et la partie antérieure du crâne. Ce phénomène, insupportable pour le patient, se reproduisait souvent et malgré lui, comme si une épine pathologique irritait alors ses cellules d'intelligence. Cette épine, c'était le travail congestif et les produits inflammatoires de l'encéphalite.

En entendant ce malade me parler de la multiplication *sentie* de ses idées, je ne pouvais m'empêcher de songer aux vibrations caloriques des cellules nerveuses, et aux mouvements surexcités des animatoines.

Nous-mêmes, dans les meilleures conditions de santé, lorsque nous nous couchons le soir après un travail intellectuel opiniâtre, ne sentons-nous pas, longtemps encore, quelquefois même durant le sommeil, comme un bouillonnement indéfinissable des idées conçues, un pêle-mêle de pensées reproduisant le travail et plus fatigant que lui, parfois assez violent pour causer l'insomnie et de la céphalalgie ?

Ces mouvements d'idées sont l'image des mouvements atomiques qui engendrent la force intellectuelle.

Pourrait-on pénétrer plus avant, et découvrir le mécanisme des différentes formes de l'intelligence ? Il est au moins permis de l'essayer.

Une seule impression transmise à une cellule intellectuelle ne donnera qu'une sensation, une idée. Supposez dix, vingt cellules impressionnées successivement et différemment, vous aurez dix, vingt idées dissemblables, sinon de par les cellules, du moins par la cause extérieure. Qu'alors, par le mécanisme de l'*Attention,* qui n'est qu'une concentration intellectuelle, vous ressentiez en même temps l'impression diverse de toutes ces idées, vous avez la *comparaison* et le *jugement* qui s'en déduit.

Mais les animatomes, auxquels la force calorique a communiqué une certaine direction de mouvements, la conservent plus ou moins longtemps, et, une fois perdue, tendent à la reprendre à la première occasion. Il en est des atomes intellectuels comme des molécules caloriques, que nous avons vu acquérir de la persistance et de la consistance vibratoire dans les cellules nerveuses, sous l'influence principale du noyau.

Un jeune arbre s'incline à droite ; vous le redressez par des tuteurs. Dès que ceux-ci viennent à manquer, le jeune arbre reprend son inclinaison première, d'autant plus facilement et plus complétement qu'il l'aura quittée depuis moins longtemps. Cette comparaison donne une juste idée de la tendance des mouvements atomiques, — et de la *mémoire*, qui est le retour d'une perception intellectuelle ancienne basée sur la réapparition des mouvements atomiques qui l'avaient produite. On comprend ainsi que la moindre cause puisse faire renaître une idée oubliée, et que même durant le sommeil ce phénomène se manifeste. Une pensée est souvent rappelée par d'autres n'ayant avec elle que des rapports éloignés : il suffit pour cela que celles-ci impriment aux animatomes quelques mouvements analogues ; et aussitôt toute la série des premiers mouvements se déroule parallèlement aux derniers ; ce qui est une nouvelle source de comparaison et de jugement.

Les mauvaises idées comme les bonnes s'expliquent, dans leur variété, par les causes génératrices. Il n'y a pas de fatalité à proprement parler. Le plus qu'il y ait, c'est la tendance de certains animatomes à se mouvoir dans un sens plutôt que dans un autre, à être plus impressionnables à telle ou telle cause. Mais il n'y a rien là d'irrésistible. Tout l'avenir moral d'un être est dans le milieu où il naît et se développe. Chacun apporte sa tendance morale, mais non invincible.

Quant à l'*imagination*, elle trouve sa condition dans des impressions intellectuelles anciennes mariées à des impressions actuelles.

Toutes ces formes de l'intelligence, imagination, mémoire, comparaison, jugement, sont des degrés supérieurs de la sensation ; ce sont les échelons intermédiaires qui conduisent de celle-ci à la *raison* proprement dite. La raison, c'est l'essence de la force intellectuelle ; c'est son apogée. Tandis que les autres propriétés rattachent l'âme aux choses matérielles, la raison la rattache aux choses divines. C'est la chaîne divine de l'âme, comme la sensation est sa chaîne matérielle.

Je ne pense pas qu'on puisse m'accuser de morceler l'intelligence, dans cette théorie de la vie, et de reproduire les hypothèses de Gall dont les expériences de Flourens ont fait justice. Je ne prétends pas qu'à chaque propriété de l'intelligence correspondent une cellule ou un groupe de cellules. La cellule intellectuelle est indifférente à la modalité des idées, ayant seulement, de par ses animatomes, la faculté de transformer en elles la force calorique qui lui est transmise. La modalité des sensations et celle des idées physiques dépendent de la modalité des impressions. Quant aux idées innées, dont on ne saurait contester l'existence, elles tiennent à l'essence de l'âme, dont elles attestent la force intrinsèque.

## CHAPITRE VI.

### De la motilité.

La motilité est la propriété qu'ont les muscles de se mouvoir, d'entrer en contraction, sous l'influence de la force nerveuse ou calorique. Cette propriété n'a pas sa source dans les centres nerveux, dans des cellules spéciales qui seraient des cellules de motilité.

L'excitation d'un nerf moteur détermine : — agissant sur un point quelconque non interrompu de son trajet, des contractions dans les muscles qu'il anime ; — sur l'extrémité périphérique de ce nerf coupé, des contractions également ; — sur l'extrémité centrale seule, aucun phénomène appréciable, ni de sensibilité, ni de motilité.

De ces derniers faits il résulte : — que, dans l'explication du premier, vous ne pouvez invoquer le mécanisme des deux vibrations ; que, dans les nerfs moteurs, la vibration est toujours contrifuge, et ne se fait en aucun cas des tubes moteurs vers les tubes sensitifs, de la périphérie vers le centre.

Dans le phénomène de la sensation, les deux vibrations ont leur raison d'être ; la première est motivée par l'attraction cellulaire, la seconde par l'attraction périphérique. La sensation attire l'impression, et l'impression attire la sensation. L'extrémité et le centre, le commencement et la fin se confondent dans un résultat unique.

Un nerf sensitif étant divisé, l'excitation du bout central occasionne une sensation, celle du bout périphérique demeurant sans effet. La sensation ne pouvant être perçue que par les cellules cérébrales, l'impression d'un nerf séparé de ces cellules ne saurait produire aucun résultat ; elle est non avenue.

C'est tout le contraire que nous observons dans les nerfs moteurs. La contraction ne pouvant s'accomplir que dans les muscles, l'impression du bout central d'un nerf divisé, quoique en communication avec les cellules cérébrales, ne donne lieu à aucun phénomène. On peut affirmer que la vibration centripète ne se fait pas dans les tubes moteurs, sans quoi elle éveillerait une sensation, une douleur dans les cellules d'intelligence.

On peut se représenter synthétiquement le système nerveux, comme formé de deux cylindres soudés ensemble, dont la soudure serait un énorme gonflement cellulaire. Pour le cerveau en particulier, ce gonflement serait rempli de cellules intellectuelles ; lesquelles ayant leur maximum numérique au centre du gonflement, deviendraient plus rares en se rapprochant de l'extrémité centrale des cylindres, puis disparaîtraient tout-à-fait pour ne laisser plus que des cellules caloriques. De la sorte, les tubes nerveux seraient en rapport direct avec les cellules caloriques, et en rapport médiat avec les cellules intellectuelles ; les premières servant : — pour les tubes sensitifs, de laboratoire où les vibrations moléculaires viendraient acquérir plus de force et de durée pour leur transformation ultérieure en force intellectuelle ; — pour les tubes moteurs, de laboratoire analogue à l'usage de la force motrice.

Il y a deux ordres de cellules nerveuses, les cellules caloriques et les cellules intellectuelles ; celles-ci appartenant à l'encéphale et plus spécialement aux lobes cérébraux ; celles-là existant à la fois dans l'encéphale, dans la moelle et les ganglions sympathiques. Quand j'ai dit précédemment que je n'admettais qu'un ordre de cellules dans le cerveau, c'était au point de vue des fonctions, les cellules caloriques ne représentant pas une fonction distincte, et possédant seulement les trois propriétés déjà décrites de *redoublement*, de *consistance* et de *persistance* vibratoires.

C'est moins la cellule, elle-même, qui attire la vibration moléculaire, que la fonction. Autrement, les cellules caloriques auraient la même influence sur les vibrations sensitive et motrice; et la force rétrograde existerait dans les tubes moteurs. La fonction intellectuelle est un aimant pour la vibration centripète des tubes sensitifs, comme la fonction musculaire pour la progression centrifuge des tubes moteurs.

De cette direction constante des vibrations nerveuses, résulte la transformation possible d'une névralgie en convulsion, ce qui se voit fréquemment dans la prosopalgie (tic douloureux); mais, en aucune circonstance, on n'a observé des convulsions ascendantes qui se transformeraient en névralgies.

En raison de la communauté de mécanisme dans la moëlle et l'encéphale, on n'est pas étonné des symptômes identiques de leurs maladies. La première période de la méningo-encéphalite et de la méningo-myélite, offre les mêmes phénomènes suivants : exaltation de la sensibilité, douleurs, engourdissements, crampes, mouvements convulsifs dans diverses parties du corps. Outre l'altération possible de l'intelligence dans le premier cas, le principal caractère différentiel entre ces deux phlegmasies est le siége de la douleur locale : céphalalgie, douleur rachidienne. La moëlle est un renflement nerveux comme le cerveau, dont elle ne diffère que par l'absence des cellules intellectuelles.

Les douleurs de la méningo-myélite ne reconnaissent pas un autre mécanisme que celui précédemment indiqué. Du point irrité se fait une vibration première vers les cellules cérébrales, suivie d'une vibration de retour vers la périphérie. C'est toujours une sensation périphérique.

Dans les conditions physiologiques où la moëlle communique librement avec le cerveau, les impressions, faites sur les nerfs médullaires, remontent par vibrations successives vers les cellules intellectuelles, où elles se transforment en sensation; puis, continuent leur marche dans les tubes moteurs jusqu'aux muscles, où elles se transforment en mouvement. Dans leur passage au travers du cerveau, les vibrations caloriques centrifuges ont été l'objet d'une modification importante. La force intellectuelle, engendrée par la *force calorique sensitive*, se transforme à son tour, du moins partiellement, en *force calorique motrice* qui se répand dans les tubes moteurs. Que ces expressions ne donnent pas le change sur la vérité. Dans les tubes centripètes j'appelle la force vibratoire force calorique sensitive, parce qu'elle marche vers la transformation de ce nom.

Dans les tubes centrifuges je l'appelle force motrice, parce qu'elle se dirige vers la motilité musculaire. Mais, ni dans les uns ni dans les autres, la force moléculaire n'a de vertu distincte, autre que d'être chargée d'impressions. Comme les vibrations des tubes sensitifs sont influencées par l'impression initiale qui les met en activité, de même celles des tubes moteurs le sont par l'impression des mouvements atomiques, qui les accompagne jusqu'aux muscles, donnant aux mouvements de ceux-ci la propriété de concordance avec l'impression sensitive initiale, et déterminant les mouvements *volontaires. Les muscles se meuvent de par la transformation de la force calorique, et ils se meuvent volontairement de par la force intellectuelle.*

C'est dans les muscles eux-mêmes que s'accomplit la transformation de la force nerveuse en force motrice, et non dans les centres nerveux.

L'impression intellectuelle est aux vibrations motrices ce que la sensitive est aux siennes. Celle-ci règle le mode de sensation, celle-là la forme du mouvement; avec cette différence capitale que l'une est une simple cause d'activité vibratoire et non une force, tandis que l'autre est une force vive proprement dite.

Le cerveau, ou l'intelligence qui est la fonction de cet organe, étant la source du mouvement volontaire et de la sensation, lorsque, par une cause quelconque accidentelle ou pathologique, toute communication est interrompue entre lui et la moëlle, la sensibilité s'éteint tout d'abord, et devient impossible pour les parties du corps animées par des nerfs inférieurs à l'interruption, les mouvements peuvent encore s'exécuter mais involontairement. Cette différence s'explique d'elle-même. On a appelé ces mouvements *réflexes*, et on a créé pour eux une force distincte.

Il y a deux sortes de mouvements réflexes, ceux qui sont involontaires et précédés d'aucune sensation, ceux qui sont involontaires quoique coïncidant avec une sensation. Mais leur essence est de ne pouvoir être maîtrisés par la volonté. Les convulsions du tronc des décapités appartiennent à la première catégorie. L'éternûment qui succède à une irritation de la pituitaire rentre dans la seconde. Ces mouvements s'accomplissent non-seulement par les nerfs de la moëlle, mais par ceux de l'encéphale ou du grand sympathique ; ils ne nécessitent l'intervention d'aucune force distincte, et n'ont pour eux que des caractères négatifs. Il y en a de physiologiques, il y en a de pathologiques, et beaucoup de sympathies n'ont pas un autre mécanisme. Le clignement des paupières, les phénomènes de déglutition, de respiration, l'éternûment, etc..., sont des mouvements réflexes physiologiques. Les convulsions éclamptiques de l'accouchement, les convulsions produites pas des vers intestinaux, par l'odontalgie, par la prosopalgie, le tremblement occasionné par une brûlure, etc..., sont des mouvements réflexes pathologiques. Le rire convulsif du chatouillement de la plante des pieds, les contractions convulsives du corps par la stimulation de la verge ou du clitoris, sont à la fois des sympathies et des mouvements réflexes physiologiques. Les convulsions d'un névrôme, le tétanos par lésion d'un nerf sensitif cérébro-rachidien, sont des phénomènes analogues, pathologiques. Il n'en est pas ainsi de toutes sympathies.

Pour comprendre le mécanisme du mouvement réflexe, il suffit de se rappeler la propagation vibratoire par les tubes nerveux, sa réflexion sur les cellules caloriques, et les propriétés de celles-ci. La présence ou l'absence de sensation ne modifient en rien la transmission et la transformation de la force calorique. Les cellules de ce nom n'ont pas besoin des cellules intellectuelles pour remplir leur rôle; et comme la transformation en force motrice s'effectue dans les muscles, il est plus qu'inutile de supposer une *propriété excito-motrice.*

Le mouvement volontaire provient de la force calorique mise en activité par la force intellectuelle.

Le mouvement réflexe émane de la force calorique seule, mise en activité par une impression quelconque.

Dans les cas où la sensation précède le mouvement réflexe, on peut admettre, en toute légitimité, que la calorique sensitive, après transformation partielle dans les cellules d'intelligence, se continue directement dans les tubes moteurs, sans avoir reçu ni emporté l'impression des animatomes.

En d'autres termes je dirai : — que la force motrice musculaire, considérée abstractivement, se produit par transformation de la calorique ; que limitée aux mouvements volontaires, elle est le fruit de la force intellectuelle, qui l'est elle-même de la vibratoire, ou encore de celle-ci par l'intermédiaire de celle-là ; qu'enfin dans tous les cas, le siége de transformation est aux muscles, et la motilité n'est pas une propriété des centres nerveux.

## CHAPITRE VII.

### Du sommeil.

Que fait l'homme qui recherche le sommeil ? Etendu dans la position horizontale, vous le voyez disposer ses membres dans l'aisance la plus grande, éviter tout mouvement, se couvrir le corps et souvent la tête, et s'efforcer, étranger aux manifestations extérieures, de ne penser à rien. Il arrive ainsi à sevrer son corps de toute fatigue musculaire, son cerveau de toutes sensations et idées, en même temps qu'absorbant moins d'oxygène par la respiration ralentie, il diminue en lui la combustion respiratoire, et l'activité des mouvements granulaires. La sédation vitale arrive par degrés, la respiration devient de plus en plus lente et calme, la circulation de moins en moins rapide. Hamberger (Physiol. méd. 1751) a compté au pouls d'un enfant de huit ans 100 pulsations pendant la veille, et onze de moins pendant le sommeil; au pouls d'un enfant de onze ans 90 pulsations pendant la veille et 80 pendant le sommeil. Plus le repos est parfait, plus le sommeil est prompt.

Ces phénomènes sont absolument l'inverse de ceux développés par un travail manuel ou les efforts de la course. Au début les membres sont roides, les mouvements pénibles; peu à peu la respiration se précipite, la circulation s'accélère, et alors l'aisance des mouvements devient de plus en plus grande.

Aux efforts d'un travail quelconque correspondent la suractivité des mouvements sanguins, des forces granulaire et calorique, et l'accroissement de leurs transformations en travaux physiologiques. De l'inaction du sommeil résultent les conditions opposées. Aussi bien, tout ce qui excite la circulation ou le système nerveux, exalte l'intelligence et élève le taux physiologique des forces vives organiques, est un obstacle au sommeil. Au mécanisme de celui-ci est contraire le mécanisme des excitants physiologiques, pathologiques ou autres. C'est ainsi que l'usage et l'abus des alcooliques procurent l'insomnie à ceux qui la désirent. Le bruit, la lumière, les odeurs, les saveurs, la douleur, sont autant de stimulants dont l'impression entretient les manifestations de la vie et écarte le sommeil. Il est favorisé par le silence, l'obscurité, l'absence de toute cause de sensation.

Les femmes nerveuses ont le sommeil difficile, court, aisément interrompu. Le moindre bruit les réveille. Elles surtout peuvent fixer le soir l'heure du matin à laquelle elles cesseront de dormir. Interrogez sur son sommeil une femme nerveuse un jour de plus grande surexcitation, elle vous répondra que quoique endormie, non-seulement son intelligence travaille dans des rêves nombreux, mais qu'elle assiste pour ainsi dire à tout ce qui se passe à sa proximité. Elle dort, ne peut parler et néanmoins entend, état curieux dont se rapprochent les attaques d'hystérie.

Un individu quelconque peut se trouver accidentellement dans une condition analogue. Il suffit d'une forte préoccupation. La garde-malade endormie entend les plaintes de celui dont les soins lui sont confiés. La mère vigilante qui dort près de son nouveau-né se réveille à ses moindres cris. Après un travail intellectuel prolongé, nous ne trouvons que difficilement un sommeil agité.

Une grande émotion, triste ou joyeuse, entretient l'insomnie tout aussi bien qu'une violente douleur.

Il vous est sans doute arrivé parfois d'avoir de ces insomnies particulières que caractérisent : une peau chaude et sèche, une sensation incommode de chaleur intérieure, battement vif des artères et du cœur, grande excitation intellectuelle, tendance extraordinaire à marcher et courir ; le corps semble plus léger, les mouvements plus faciles, comme sous l'influence de l'acide arsénieux à dose stimulante. Le taux physiologique des forces organiques paraît élevé. Cet état serait peut-être agréable, n'étaient la sécheresse de la peau et l'incommodité de la chaleur intérieure. L'excès de la force calorique est un obstacle à sa transformation ; elle ne peut se résoudre ni s'éliminer. Hé bien ! en un instant tout ce feu va s'éteindre, toute cette exaltation va tomber. Quelques gorgées d'eau fraîche suffisent pour cela.

J'ai vu un homme âgé qui présentait les symptômes suivants : toux sèche, irritante, augmentée par la chaleur du lit ou du feu, diminuée par le frais de l'air extérieur ; — insomnie, agitation quasi-fébrile ; — envies incessantes d'uriner, surtout la nuit ou près du feu, diurèse simple sans altération de qualité de l'urine. Cet homme, traité d'abord pour la toux dont il se plaignait uniquement, avait presque en vain épuisé tous les médicaments de la bronchite et de la congestion pulmonaire sanguine, lorsque j'eus l'idée d'attribuer tous ces phénomènes (toux, insomnie, diurèse) à une excitation spéciale de la force calorique ou nerveuse. Dans cette pensée, j'ordonnai de la valériane et du tilleul, quelques gorgées d'eau glacée de temps en temps, et d'éviter le séjour dans une atmosphère trop chaude. Ces petits moyens réussirent là où de plus énergiques avaient échoué. Le sommeil reparut, la toux nerveuse (congestion nerveuse) se calma, la diurèse diminua.

Les antispasmodiques, la valériane principalement, et l'eau froide réussissent parfaitement dans tous ces cas et ceux analogues où une surexcitation nerveuse occasionne l'insomnie. La valériane est l'opium des femmes nerveuses. La valériane et l'eau froide sont soporifiques, mais indirectement, par l'intermédiaire de la force calorique. Ils font dormir en détruisant la cause qui écartait le sommeil.

La vertu somnifuge de toute suractivité calorique nous fait pressentir un effet contraire avec un système nerveux calme ou affaibli. Les convalescents, les enfants, les tempéraments lymphatiques en font foi, dont le sommeil est impérieux et prolongé.

De ce qui précède, et pour qui veut examiner dans son état le plus physiologique le phénomène qui nous occupe, il résulte qu'il a, pour premier caractère, une diminution des mouvements organiques de locomotion granulaire et de vibration moléculaire. Toutes les conditions nécessaires à sa réalisation la plus naturelle et parfaite se réduisant à trois : éloignement de tout ce qui peut activer les mouvements sanguins, — suspension de toute impression pour le système nerveux, repos intellectuel ; — et, ces trois conditions correspondant aux trois forces vives de l'organisme, on peut affirmer franchement que le sommeil implique le minimum physiologique de ces forces.

Un certain degré de congestion encéphalique lui est favorable, par la compression des cellules cérébrales qui en est la conséquence, et oppose un obstacle à la propagation et à l'élaboration de la force calorique. C'est ainsi que la digestion, l'ivresse, le narcotisme, les grandes chaleurs, et la pléthore invitent à un sommeil profond et prolongé. Mais l'inconvénient est voisin de l'avantage. L'excès de bien équivaut à mal. Une trop forte congestion du cerveau excite et donne des rêves pénibles, des cauchemars douloureux, par la transformation de la force calorique troisième sur place ou à distance.

On peut donc définir le sommeil : *un amoindrissement physiologique des trois forces vives organiques avec congestion légère de l'encéphale.*

Ainsi défini, le sommeil se distingue par son premier terme de la congestion cérébrale, par son second terme de la syncope.

Le sommeil est une rémittence dans la continuité de la vie, rémittence qui n'est pas égale dans les deux systèmes nerveux. Dans l'encéphalo-rachidien très prononcée, peu sensible relativement dans le grand sympathique. C'est que si le premier est sevré la nuit de toutes ses causes d'excitation, le second ne l'est jamais des siennes ; les viscères qu'il anime sont incessamment soumis à leurs stimulants physiologiques, l'air pour les poumons, le sang pour les vaisseaux et le cœur. Cette impression constamment renouvelée atténue pour lui les effets de l'amoindrissement granulaire. Merveilleuse précaution ! Le département ganglionnaire veille pour maintenir la vie de l'autre.

Le sommeil encéphalo-rachidien n'est pas toujours absolu, et toutes les fonctions qu'il intéresse ne s'endorment pas en même temps.

Des sens, l'ouie et le toucher sont ceux qui s'endorment les derniers et se réveillent les premiers ; la vue est la première éteinte et la dernière ranimée.

A propos des yeux je ferai cette remarque pratique que la pupille d'un homme endormi est impressionnable aux variations de la lumière, et que celle d'un mort y est tout-à-fait insensible ; caractère différentiel dont on peut se servir au besoin.

La perte d'éclat et la sécheresse des yeux qui sommeillent sont un témoignage irréfutable de la diminution de leur travail de sécrétion physiologique, d'une moindre force calorique correspondante, et conséquemment d'un amoindrissement des mouvements granulaires cornéens.

Les deux principaux caractères du sommeil encéphalo-rachidien sont la suspension de sensation et celle des mouvements volontaires. Or, comme ces deux phénomènes sont les liens qui unissent l'âme au corps et mettent l'intelligence en rapport avec le monde extérieur, comme la sensation surtout est la chaîne matérielle de l'âme, sa soudure avec le corps, on peut dire que le sommeil est une interruption dans cette chaîne, une disjonction de cette soudure. Quoique ayant son existence propre et sa force intrinsèque, l'âme étant unie au corps dans les conditions de la vie humaine, la force intellectuelle s'y produisant par transformation de la calorique, il est logique et naturel que la diminution de celle-ci entraîne la diminution de celle-là.

La condition *sine quâ non* du sommeil est que la force calorique soit assez amoindrie pour ne se plus transformer en sensation.

Cependant il est des cas où le besoin de dormir est si impérieux que, malgré toutes les impressions de bruit, de lumière, de contact, malgré l'excitation de la force calorique de mille et mille manières, aucune perception n'a lieu, l'âme reste étrangère à tout, et le sommeil survient profond et tenace. Ainsi les convalescents. Il est des personnes très-bien portantes qui ont naturellement cette tendance.

Cette exception apparente n'est qu'une variété de la règle.

Si la moindre impression réveille les femmes nerveuses, c'est un effet de la suractivité moléculaire de leurs tubes nerveux et cellules nerveuses, d'une trop grande *mobilité vibratoire.* La force granulaire de leur sang étant peu développée, ce n'est pas chez elles une élévation du taux vital. Leur insomnie mérite à bon droit la qualification de nerveuse, et leur sommeil peut aussi s'appeler un sommeil nerveux. — Chez les personnes au besoin impérieux il est plus que probable qu'il y a d'emblée comme une *atonie moléculaire,* paralysie nerveuse physiologique, *fatigue vibratoire* qui rend les nerfs et les cellules caloriques insensibles à toute stimulation. Les mouvements granulaires se ralentissant concurremment favorisent cette insensibilité.

Entre le sommeil impérieux et le sommeil ordinaire ou le difficile la différence est donc : que dans le premier l'amoindrissement des forces vives a lieu spontanément et d'emblée, tandis que dans le second il se fait progressivement avec le concours de circonstances favorables.

Tel est le mécanisme du sommeil régulier.

Les physiologistes ont embrouillé la question en plaçant les exceptions et les irrégularités au premier rang, imitant en cela le pathologiste qui, dans la description d'une maladie, s'occuperait surtout des anomalies. Pour éviter cette confusion je ne me suis encore étendu que sur les cas normaux, et maintenant que leur mécanisme est dévoilé, la définition connue, il sera aisé de se rendre compte des variétés plus ou moins bizarres.

Le sommeil étant dans sa source un amoindrissement vital dos granulations sanguines et molécules nerveuses, d'où résultent pour le système sympathique un léger ralentissement fonctionnel, et pour l'encéphalo-rachidien une véritable suspension des fonctions qui relèvent de notre double nature, sensibilité et motilité volontaire ; étant un abaissement des forces vives tel que leurs transformations sont au minimum d'activité physiologique ; étant pour notre corps ce que l'hiver est pour notre planète, une diminution de forces coïncidant avec leur refoulement de la périphérie au centre ; étant enfin une disjonction de soudure de l'âme avec le corps, rémittence dans la continuité vitale ; — il se peut que la chaîne matérielle de l'âme ne soit pas entièrement rompue, et alors, au lieu d'un sommeil complet, on n'a qu'un sommeil incomplet.

Qu'on ne m'accuse pas d'assimiler le sommeil à la mort par ces expressions de chaîne rompue, et de disjonction de soudure. Elles ne contiennent pour le premier phénomène que l'idée d'une suspension de transformations de la force calorique sensitive en force intellectuelle, et de celle-ci en calorique motrice. La propagation vibratoire complète ne se fait plus telle que je l'ai décrite, mais les molécules nerveuses restent saines et conservent leur propriété ; les animatomes sont toujours dans les cellules cérébrales ; les vibrations de celles-là sont momentanément arrêtées ou peut-être seulement assez ralenties pour ne plus pouvoir se communiquer aux mouvements de ceux-ci ; la disjonction est toute physiologique ou fonctionnelle, nullement anatomique.

La mort a des caractères opposés : destruction ou mieux altération des molécules nerveuses, incapables d'engendrer la force vibratoire, — échappement des animatomes qui laissent vides les cellules intellectuelles. Si le sommeil est une *disjonction physiologique* de l'âme et du corps, la mort est une *disjonction anatomique.*

Le sommeil incomplet doit être étudié dans les trois fonctions encéphaliques, dont la suspension caractérise spécialement le sommeil, je veux dire la sensibilité, la motilité volontaire et l'intelligence. Celui des femmes nerveuses dont j'ai déjà parlé est souvent incomplet de par la sensibilité. L'ouïe reste quelquefois éveillée, et le toucher dort à peine. Ces irrégularités, qui tiennent à une trop grande mobilité vibratoire, font que la plus légère impression détermine le réveil. Il n'y a rien dans ce premier cas de contraire au mécanisme précédent.

L'âme ayant une existence propre, ni les mouvements de ses supports ni sa force intrinsèque ne sont directement atteints par le sommeil, qui est un mode spécial et inhérent à la vie des corps. Toutefois le rapport intime qui enchaîne ces deux existences, la dépendance temporaire de la première à la seconde, la force intellectuelle physiologiquement mise en activité par transformation de la calorique donnent suffisante explication de la diminution de l'une par amoindrissement de l'autre.

Les rêves, même dans les sommeils les plus complets, sont une preuve que l'intelligence ne dort pas, que les animatomes conservent leur force intrinsèque. Mais il est naturel et ordinaire que cette force soit considérablement ralentie, d'autant plus que l'est elle-même la calorique par la raison que je viens de dire. Personne n'ignore que dés rêves nombreux marquent un sommeil incomplet, tourmenté, peu profond ; et que l'état contraire en a très-peu. Moins l'intelligence estexercée le jour, plus est calme la nuit. Les hommes de la terre, qui fatiguent beaucoup leur corps et nullement leur esprit, dorment profondément et rêvent rarement. Les gens des villes, dont le système nerveux est surexcité par mille impressions diverses, ont des rêves fréquents. Les hommes d'étude en ont aussi habituellement. Il y a une grande différence entre ces trois catégories. Dans la première peu de rêves pour deux raisons : par atonie légitime de la force vibratoire et inactivité physiologique des animatomes. Dans la seconde rêves abondants de par la force calorique jouissant d'une grande mobilité vibratoire, et conservant de l'activité dans les cellules cérébrales, alors que dans les tubes nerveux elle est tout à fait endormie. Dans la troisième enfin les rêves dépendent, non plus d'une simple persistance de l'activité calorique, mais de la force intrinsèque de l'âme, des mouvements propres des animatomes. On comprend que cette force, tout entière livrée à elle-même, accomplisse quelquefois des prodiges d'idées. Plusieurs hommes de génie en ont fourni des exemples. Comme d'un autre côté les individus de cette catégorie possèdent en même temps et forcément une grande vitalité calorique, ils sont susceptibles de deux sortes de rêves.

Oui, le rêve se produit par deux mécanismes différents ; il reconnaît une double origine. Tantôt il provient d'un excès de vitalité vibratoire persistant dans les cellules cérébrales, et se transformant en force intellectuelle dans la sphère inférieure des idées. Tantôt il émane de la force intellectuelle directement, et plane dans les régions élevées de la sphère idéale. Le premier est le *rêve de l'animal ;* le second, le *rêve de l'âme*. Celui-ci exprime des idées logiques ; celui-là est souvent incohérent. Cette distance essentielle entre eux tient à ce que l'un est le fruit de deux forces dissemblables, dont la calorique, indifférente par elle-même au mode de transformation, vibre sans choix dans une direction quelconque, l'intellectuelle n'étant pas assez active et puissante pour absorber dans une seule ligne les vibrations moléculaires. Dans l'autre cette difficulté et cette duplicité n'existent pas.

De même que la persistance d'une fonction sensorielle, le rêve, celui de l'animal principalement, marque un sommeil incomplet, d'autant plus qu'il est plus développé. La force calorique éteinte dans les tubes nerveux s'est réfugiée dans les cellules cérébrales; il s'agit toujours du système encéphalo-rachidien.

La troisième variété de sommeil incomplet est caractérisée par la persistance des mouvements *volontaires;* je ne dis pas des mouvements simples, ceux-ci n'ayant aucun rapport avec l'âme, et le sommeil étant une disjonction physiologique de l'âme et du corps. Les mouvements organiques n'intéressent le phénomène qui nous occupe qu'autant qu'ils se rattachent à la fonction des cellules intellectuelles.

La force calorique motrice de celui qui dort peut être mise en activité par la force intellectuelle, à la condition préalable que celle-ci soit en suractivité. Ce fait est rare; cette variété de sommeil incomplet est la moins commune; mais elle existe, tantôt sans aucune participation de la calorique sensitive, tantôt en coïncidence avec le réveil d'un sens, généralement de l'ouïe. Cette dernière variété est la moins parfaite, et touche de bien près à l'état de veille.

La persistance fonctionnelle de l'intelligence et des mouvements volontaires, avec ou sans persistance d'une fonction sensorielle, constitue le somnambulisme. Entre le naturel et l'artificiel il n'y a pas de différence essentielle. Chez ces individus, l'âme acquiert quelquefois une grande puissance, et commande au corps en souveraine. Cependant, pour rester dans la vérité, il faut bien se figurer que ni le somnambulisme, ni le magnétisme, ne donnent le génie à ceux qui ne l'ont pas. Dans tous les cas, il faut admettre, pour se rendre compte de ces bizarreries, de ces irrégularités fonctionnelles, une modification quelconque dans les cellules cérébrales caloriques et intellectuelles. Quant à dire en quoi elle consiste, je m'en déclare incapable.

Au point de vue auquel je me suis placé, il est inutile de poursuivre le sommeil dans de plus grands détails. Je l'ai distingué, comme tous les auteurs, en complet et incomplet. Il y a encore des sommeils plus incomplets, qu'on doit appeler *partiels*, mais qui rentrent dans le mécanisme commun, et ne sont ici d'aucun intérêt.

---

## CHAPITRE VIII.

### Du grand sympathique.

Le grand sympathique est le nerf vasculaire; c'est sous ce rapport que je l'examinerai ici.

La force calorique, engendrée par les mouvements granulaires du sang, se transmet aux divers organes par l'intermédiaire des nerfs, ponts de communication entre le foyer vital et les transformations éloignées de la force qui en émane. Ces nerfs sont de deux ordres ; les uns appartiennent au système encéphalo-rachidien, les autres au système du grand sympathique ou ganglionnaire. Ceux-là sont destinés à la vie de l'âme, dans ses rapports avec le corps et les objets extérieurs ; ceux-ci, à la vie du corps. Le grand sympathique est le système des transformations matérielles, comme le système cérébral est celui des transformations intellectuelles.

Ayant étudié la force calorique qui se transmet

par les nerfs encéphalo-rachidiens, et se transforme en sensibilité, en intelligence et en motilité ; il me reste à suivre celle qui se transmet par les nerfs ganglionnaires, et à en expliquer le mécanisme.

La force calorique, fille de la force vitale du sang, se répand, sous forme de vibrations moléculaires et progressives, dans les tubes sensitifs du grand sympathique. Relativement rares, ces tubes, bien qu'en communication avec le cerveau, ne lui transmettent pas, dans les conditions physiologiques, les impressions qu'ils reçoivent. La volonté de l'âme ne s'exerce pas sur les mouvements des viscères ; la circulation surtout en est tout-à-fait indépendante.

D'une manière générale, les tubes sensitifs étant moins larges que les tubes moteurs, et les tubes du grand sympathique moins larges que les tubes encéphalo-rachidiens, il faut attribuer à cette différence de calibre, à laquelle vient se joindre la rareté des tubes sensitifs ganglionnaires, le défaut de transmission au cerveau des impressions physiologiques.

Les tubes moteurs ou vaso-moteurs, très-nombreux et plus larges, sont de faciles débouchés pour la force calorique centripète ; et les muscles en mouvement, de puissants points d'appel. *Une fonction qui s'accomplit est une attraction pour sa force génératrice.*

Comme dernière influence attractive, je mentionnerai l'impression faite dans les vaisseaux sur la périphérie ganglionnaire. Quoique non sentie et même à cause de cela, cette impression est un point d'appel pour la force calorique qui revient par les tubes moteurs.

En dehors des faits anatomiques, l'existence des tubes sensitifs et la communication du grand sympathique avec le cerveau sont démontrées par des faits d'ordre pathologique. Si l'impression normale n'est pas perçue et ne monte pas jusqu'aux cellules intellectuelles, l'impression anormale, plus forte, s'y vient transformer en sensation. Les douleurs viscérales en font foi.

Le cœur n'est pas sensible au toucher à l'état physiologique, comme il a été démontré par un cas d'ectopie de cet organe, observé par Harvey. Il est douloureux à l'état pathologique.

Propagée par les tubes sensitifs, réfléchie par les cellules ganglionnaires où elle revêt les propriétés spéciales aux cellules caloriques, la force de ce nom devient centrifuge, et, par les tubes moteurs est conduite aux parois du cœur et des vaisseaux, où elle se transforme en force motrice. Sa transformation portant à la fois sur les fibres musculaires des parois et les granulations vitales contenues dans les vaisseaux, il en résulte une force vaso-motrice et une force motrice granulaire. Ainsi, la force *calorique première*, engendrée par la force *granulaire première*, produit à son tour une force *granulaire seconde*. Celle-ci est en outre sollicitée par l'excitation mécanique du choc des parois.

De cette suractivité granulaire développée dans ce premier temps naît une force *calorique seconde*, laquelle, se propageant de nouveau par les tubes sensitifs, va recommencer une nouvelle série de ces phénomènes, et ainsi de suite. Force calorique seconde du premier temps elle devient force première du second temps. D'une manière plus générale, la force seconde du temps qui précède est la force première du temps qui suit.

Cependant cette force seconde agit dans l'intérieur même des vaisseaux, sur les parois vasculaires qu'elle dilate. Son action est l'opposé de la force première. Celle-ci, agissant de dehors en dedans, contracte ; celle-là, de dedans en dehors, dilate. L'une détruit l'effet de l'autre.

La première produit la systole ; la seconde, la diastole; dilatation d'autant plus aisée que, la force génératrice de la contraction ayant une durée instantanée, aussitôt sa transformation accomplie, l'effet tend de lui-même à cesser, pour recommencer dans la prochaine série.

Ainsi se font les deux temps de systole et de diastole vasculaires. Tel est leur mécanisme d'une façon générale. Il le faut maintenant appliquer plus spécialement à la circulation.

Notre point de départ est naturellement le cœur. Supposons-le plein. Dans ce sang ventriculaire, force granulaire première engendrant force calorique première, qui se propage par les tubes nerveux et revient aux parois du cœur, où elle se transforme en forces vaso-motrice et granulaire seconde. La force vaso-motrice c'est la systole ventriculaire qui chasse le sang, et, avec lui, la granulaire seconde dont il est le support. Celle-ci ne peut donc se transformer dans les cavités où elle a pris naissance. C'est une poussée de force vive que le cœur envoie aux artères. Les ventricules vides se dilatent, c'est-à-dire reviennent à leur position normale, par suite de la cessation d'action de la force systolique. Dilatés, ils se remplissent à nouveau de sang. Alors nouvelle série identique, et ainsi de suite.

Le sang lancé dans les artères, tout armé de sa force granulaire, seconde du cœur mais première des artères, produit une force calorique première, laquelle, après le trajet ordinaire dans le système nerveux, revient se transformer en forces vaso-motrice et granulaire seconde (troisième du cœur). C'est la systole artérielle, correspondant à la diastole ventriculaire. Cette force granulaire seconde des artères ne se transforme pas non plus sur place, chassée qu'elle est par la systole dans les gros capillaires. Elle devient pour ceux-ci force première, et engendre sa calorique première, laquelle à son tour donne lieu aux forces vaso-motrice et granulaire seconde (troisième des artères, quatrième du cœur). Cette dernière et principale source de forces vives achève le retour du sang jusqu'au cœur. Ainsi se fait la circulation.

Le cœur est admirablement constitué pour être le point de départ de la circulation. Supposez tout le système circulatoire plein de sang et de forces vives, le cœur, par son volume et ses nerfs plus nombreux étant un point d'appel plus énergique, reçoit, plus rapidement et en plus grande quantité, la force calorique première ; c'est dire que sa systole ou contraction se fait avant celle des vaisseaux auxquels elle envoie le sang des ventricules.

La fonction du cœur est encore favorisée par la présence de petits glanglions dans les parois de cet organe. Ces ganglions, dits de Remack, sont des centres de réflexion et redoublement caloriques, étant formés comme les autres de cellules nerveuses. Situés très-près de la paroi interne des ventricules, leur position rend aussi rapide que possible la transmission et transformation de la force calorique, outre qu'elle procure au cœur une indépendance relative.

Ainsi donc, non-seulement la force nerveuse, qui part du cœur par les tubes sensitifs, ne remonte pas jusqu'au cerveau, à l'état physiologique, mais elle ne remonte même pas toute jusqu'aux grands ganglions sympathiques ; une partie reste dans l'organe où elle a pris naissance, et y accomplit toutes ses évolutions, toutes ses transformations, grâce aux petits glanglions de Remack.

C'est avec raison qu'on a attribué à ces ganglions la persistance de contractilité du cœur, après la mort, sous l'influence d'excitation extérieure. On décore cette propriété du nom d'irritabilité. L'irritabilité n'est autre chose que la contractilité provoquée. Toute facilitée qu'elle soit par ces ganglions, elle est possible en dehors d'eux; puisque nous avons vu que l'excitation, portée sur un point quelconque du trajet d'un tube moteur, suffit pour faire entrer en contraction le muscle correspondant. Les intestins retirés de l'abdomen sont susceptibles de se contracter encore, quelques instants après la mort. Ce que le cœur garde de supériorité, c'est une plus grande force et une plus grande persistance de cette propriété ; effet des ganglions de Remack, et preuve que les cellules caloriques sont bien douées des propriétés que je leur ai attribuées.

A la force calorique première, qui part du système circulatoire et y revient produire la force vaso-motrice ou la systole, il faut ajouter, pour le cœur et les artères, l'impression elle-même du sang; c'est-à-dire que, si les vibrations moléculaires sont mises en activité dans les tubes nerveux par le fait de la force granulaire qui se transforme, cette activité est accrue de l'impression directe et mécanique du sang, sur les parois vasculaires et la périphérie nerveuse. Cet effet mécanique de l'impression est incontestable; — dans le cœur, parce que, tantôt vide, tantôt plein, il est soumis à un changement de contact incessant; — dans les artères, comme voisines du cœur dont elles sentent immédiatement l'influence, et dont les ondées successives leur font éprouver autant de changements de contact. Il n'en est plus de même dans les capillaires et les veines, où la circulation est continue. La continuité d'une impression l'annihile. Au contraire, intermittente dans le cœur, continue rémittente dans les artères, la circulation donne à ces organes des impressions sans cesse renouvelées, et sans cesse agissantes. L'impression produit le même effet sur les nerfs trisplanchniques que sur les nerfs cérébro-spinaux.

C'est dans les muscles qui relèvent du système sympathique, et dans le cœur en particulier, que nous pouvons étudier l'*intermittence musculaire* dans ce qu'elle a de plus régulier et de parfait.

Le cœur, plein de sang, armé de forces vives, dégage la force calorique qui produit la systole. La contraction se fait, le cœur se vide. Avec le sang est expulsé le foyer des forces vives. C'est un arrêt, du moins relatif, de l'activité vibratoire calorique. Plus de force vitale, plus de force nerveuse ; plus de force nerveuse, plus de force vaso-motrice, plus de systole. Plus de cause, plus d'effet. Mais plus de systole équivaut à diastole. La négation d'un état, c'est l'état contraire. La diastole, c'est l'état normal, naturel du cœur vide. C'est moins une dilatation qu'une absence de contraction. La systole, c'est un état d'activité du cœur; plus de systole, c'est le repos, la cessation de l'activité, le retour à l'état vide. La diastole, c'est le *non* de la systole. Le *non*, c'est la cessation du *oui*.

Malgré cela, afin que la diastole soit plus prompte et plus précise, il faut tenir compte de la force calorique seconde, quelle que minime qu'elle soit, agissant de dedans en dehors, pour détruire l'effet de la calorique première; car l'expression de cœur vide après la systole est trop absolue. Une faible quantité de sang reste dans les ventricules, retenue par l'enchevêtrement de leurs piliers, par la présence du dôme valvulaire systolique, saillant vers les oreillettes, démontré par MM. Chauveau et Faivre ; enfin, par une attraction directe des parois. S'il est en petite quantité, le sang possède, en compensation, une grande activité de ses éléments granulaires, due à la transformation de la force calorique première, et au choc, à l'impression mécanique des parois contractées. C'est un reliquat de la force granulaire seconde, qui produit aussitôt une calorique seconde, ayant là, pour principal effet, d'aider à la diastole.

En résumé, les deux temps de la circulation se décomposent ainsi au point de vue du mécanisme : — Premier temps ou systolique : force granulaire première, force calorique première, force vaso-motrice et force granulaire seconde ;—deuxième temps ou diastolique : force calorique seconde.

L'intermittence musculaire a sa plus grande régularité dans le système vasculaire, parce que la force calorique cause de la contraction provenant du sang, et celui-ci étant en déplacement continuel, le déplacement incessant de la force granulaire équivaut à une intermittence de cette force-mère, et par suite de la calorique qui en émane. *C'est dans l'intermittence granulaire qu'il faut chercher l'intermittence calorique ; et dans l'intermittence calorique qu'il faut chercher l'intermittence musculaire.* La force vibratoire est, à proprement parler, *continue-rémittente*, comme la granulaire. Mais la contraction musculaire est tout à fait intermittente, en raison d'une autre condition sur laquelle j'ai insisté (force calorique seconde). A mesure qu'on approche des capillaires, la force granulaire devient de plus en plus continue, et l'intermittence de moins en moins prononcée.

Il est important de faire la distinction des capillaires proprement dits *non contractiles*, c'est-à-dire dépourvus de fibres musculaires, avec les gros capillaires et les artérioles richement fournis de ces mêmes fibres, comme l'a démontré le professeur Robin. A ceux-ci seulement appartiennent les derniers phénomènes actifs de systole et de diastole.

Si les petits capillaires sont passifs dans l'acte de la circulation, par contre, étant le siége d'un ralentissement marqué dans le cours du sang, c'est en eux que se développe la plus grande somme de forces vives, en eux que les supports granulaires exécutent plus librement et plus activement leurs mouvements, et dégagent le plus de force calorique.

Les capillaires *contractiles* et les artérioles envoient leur force calorique dans le grand sympathique, pour servir aux besoins de la circulation, à l'imitation des artères et du cœur.

Les capillaires *non contractiles* réservent leur force calorique pour le système encéphalo-rachidien, et pour les besoins fonctionnels de chaque organe qu'ils alimentent.

Les petits capillaires n'ayant pas de fibres musculaires, n'ont pas non plus de tubes vaso-moteurs, et de même il n'est pas probable que les tubes sensitifs ganglionnaires y viennent puiser une force calorique qui ne leur reviendrait pas.

Ainsi chaque système nerveux puise sa force calorique dans une portion différente du système vasculaire.

La cause majeure de l'intermittence musculaire est donc la *rémission* des forces granulaire et calorique premières, aidée par la calorique seconde. Comme nous venons de le voir, ces deux conditions sont à leur maximum de perfection dans le cœur et les artères.

L'estomac et les intestins n'ont pas des contractions intermittentes aussi régulières, leur disposition n'étant plus la même. Nous voyons bien là l'influence réelle d'une impression mécanique, tout corps quelconque introduit dans ces organes les faisant entrer en contraction.

Les vibrations qui se font par les tubes encéphalo-rachidiens et se transforment en force motrice des muscles de la vie de relation, ont une intermittence prompte, quoique non régulière, si elles se sont réfléchies dans la moelle, sans remonter jusqu'à l'encéphale. Ce sont des mouvements réflexes qui n'ont qu'une durée passagère. Ceux qui ont subi l'influence des cellules intellectuelles ont une durée plus ou moins longue, variable suivant la force de la volonté.

Quand la force calorique première se dégage des vaisseaux pour circuler dans les tubes nerveux, les deux systèmes la reçoivent également et en même temps. Et, lorsque cette force vient se transformer en *vaso-motrice* par l'intermédiaire des tubes sympathiques, elle se transforme aussi, par l'intermédiaire des tubes cérébraux, en *motrice musculaire.* Ces deux transformations s'accomplissent en même temps. La systole musculaire coïncide avec la systole vasculaire. Les deux contractions sont simultanées. Avec la force vaso-motrice s'est développée la force granulaire seconde, et finalement la calorique seconde. Les muscles étant traversés par des vaisseaux nombreux, la calorique seconde, qui favorise l'expansion vasculaire, le fait aussi pour la dilatation musculaire. La diastole du muscle se produit avec celle du vaisseau, à moins qu'une influence de la volonté n'y mette obstacle. Cette diastole, développée par la calorique seconde des vaisseaux, n'a rien qui doive nous surprendre. Le muscle qui se contracte agissant sur les vaisseaux dont il suractive par impression mécanique les mouvements granulaires, il est juste que la calorique seconde ait une suractivité équivalente, et que son action diastolique, plus prononcée, fasse participer le muscle à un bénéfice de force dont il est l'occasion.

En dehors de cette condition favorable, de cette force qui agit de dedans en dehors, rendant la diastole plus précise et plus prompte, il faut bien se représenter que la calorique première qui produit les deux systoles étant intermittente, ou plus exactement continue-rémittente, ses effets doivent être de même ordre. La source de la contraction musculaire n'est autre que celle de la contraction vasculaire ; la vie de relation n'a pas un foyer spécial et distinct de celui de la vie organique ; le sang est la source vitale commune ; les différences des transformations ultérieures et éloignées dépendent non de lui, mais des systèmes nerveux propagateurs de sa force calorique, et des tissus qui la reçoivent.

L'intermittence de contraction obéit au même mécanisme dans tout l'organisme animal.

## CHAPITRE IX.

### Du travail congestif.

Dans le sommeil complet toutes les manifestations fonctionnelles de la vie sont silencieuses, les mouvements granulaires réduits à leur minimum d'activité, la combustion respiratoire amoindrie ; avec moins d'oxygène absorbé il y a moins d'acide carbonique exhalé, et la température du corps peut s'abaisser jusqu'à un degré et au-dessous de la température normale. Sitôt que le sommeil s'interrompt, la combustion respiratoire devient plus active, la température regagne ce qu'elle avait perdu, les mouvements vitaux reprennent leur intensité, avec l'accroissement de la force granulaire coïncide le plus grand développement de la force calorique, et ses transformations physiologiques reparaissent.

Comme il est impossible d'attribuer, à la minime variation de température d'un degré, la suspension et le retour des diverses fonctions organiques, comme du reste j'ai démontré que la force nerveuse n'est autre chose que la force calorique, c'est de l'accroissement de celle-ci et de la force granulaire, sa génératrice, que nous devons faire dépendre la réapparition des phénomènes physiologiques, de la même façon que de la diminution de ces forces nous l'avons fait pour leur suspension momentanée.

Un homme quitte le repos pour un travail manuel auquel il n'est pas accoutumé, ou bien encore pour une course forcée. Au principe, son corps se meut avec peine, son travail est lent et pénible, sa respiration s'accélère. Il s'échauffe peu à peu, et alors ses mouvements deviennent de plus en plus aisés et vigoureux. S'il continue, la sueur le baigne de toutes parts. — Quelle est l'explication physiologique de ces phénomènes ?

Dans la course ou l'ouvrage quelconque accompli, il y a toujours un *travail* produit ; — dans le premier cas, vous surmontez l'obstacle que vous oppose l'air ; c'est comme si vous leviez un poids à une certaine hauteur ; vaincre la couche atmosphérique verticalement ou horizontalement, c'est une seule et même chose, au point de vue du mécanisme ; restent les évaluations de poids du corps entraîné et de vitesse du déplacement, lesquelles nous importent peu ici ; — Dans le second cas, ce peut être un fardeau soulevé, un objet déplacé, etc., etc... vous avez encore à surmonter l'obstacle pesanteur, l'attraction planétaire. Ce travail, vous le produisez par des efforts musculaires, par des mouvements, en un mot par une force motrice musculaire qui vient se résoudre en lui. Cette force motrice provient, par transformation équivalente, de la force calorique ; laquelle est engendrée par la force granulaire. En dernière analyse, vous pouvez donc dire que le travail extérieur consume de la force calorique, ou de la force vitale ; fait des plus indiscutables et qui se trouve corroboré par cet autre : que plus la force granulaire est grande et soutenue par les aliments, plus grand est le travail. Il y a équivalence. Toutes choses égales d'ailleurs, le travail des ouvriers est en raison directe de leur alimentation.

Quant à la roideur et à la moindre énergie des premiers mouvements, il est facile d'en donner une bonne explication, toujours concordante avec les principes de la théorie vitale.

Vous quittez le repos pour le travail; mais c'est tout un changement physiologique. Au repos, votre respiration est calme, votre circulation lente, toutes vos sécrétions modérées; la lenteur des deux premières fonctions implique l'inaction relative des mouvements granulaires du sang. Cet état est adapté à la situation du corps. Si donc vous commencez un travail forcé dans cette condition, il sera naturellement pénible au début. Avec aussi peu de forces que possible, vous ne pouvez accomplir un grand travail. Mais peu à peu l'accélération de la respiration et de la circulation viennent à votre aide. Les premiers mouvements ont agi sur le sang dont ils ont accru la force granulaire, puis la force calorique. Celle-ci, devenant force majeure pour la systole suivante, augmente l'énergie d'impulsion du cœur et des vaisseaux ; la circulation se précipite ; les mouvements granulaires redoublent ; voilà pour le système sympathique. En même temps dans le système encéphalo-rachidien, la force calorique, accrue de même puisqu'elle provient de la même source, produit des contractions musculaires plus puissantes, plus rapides, lesquelles à leur tour et de nouveau communiquent leur activité aux éléments vasculaires, en sorte que progressivement, d'impression en impression, de stimulus en stimulus, la force granulaire finit par acquérir une énorme suractivité qui lui permet, sans fatigue aucune, d'accomplir des travaux considérables.

Dans cet exemple, les systèmes ganglionnaire et encéphalique sont solidaires l'un de l'autre. Il n'en est pas toujours ainsi à l'état pathologique.

La première dépense de force, étant relativement

exagérée pour l'organisme en activité normale, explique suffisamment la fatigue qui l'accompagne.

Becquerel a constaté que la température d'un muscle en contraction s'élève constamment, et quelquefois jusqu'à un degré au-dessus du taux normal; que cette élévation est moins sensible et peut-être nulle si le muscle effectue un travail.

La compression d'une grosse artère ou sa ligature donnent un effet opposé, en abaissant la température des parties qu'elle alimente; et la vie n'y est possible après la ligature que par le prompt rétablissement de la circulation capillaire.

Ces deux faits acquis à la science sont une preuve non équivoque, — que la chaleur a sa source dans le sang, qu'elle est une force vive, et qu'elle accomplit des travaux en raison de son activité. Pour qui voudrait en tirer toutes les conséquences possibles, ils prouvent encore, — que la force calorique est la source de la contraction musculaire, l'aisance des mouvements augmentant avec la température qui s'élève, — que par conséquent la force nerveuse et elle n'en font qu'une, — que la force nerveuse a sa source dans le sang, — que la calorique circule par les tubes nerveux sous forme de progression vibratoire puisque telle est sa nature, — enfin que la force vitale se développe dans le sang et ne peut dépendre que des mouvements granulaires de ce liquide.

En un mot, toute la théorie de l'unité vitale découle de ces deux faits.

J'insiste spécialement sur les mouvements organiques, puisque tel est le but de mon ouvrage. Il faut tenir grand compte cependant de la quantité d'oxygène absorbé, et de la combustion respiratoire.

D'après des expériences remarquables de Lavoisier,

| | | |
|---|---|---|
| Un homme absorbe d'oxygène par heure | au repos et à jeun (32°). . . . . . | 24 litres. |
| | au repos et à jeun (15°). . . . . . | 26 |
| | pendant la digestion. . . . . . . . | 37 |
| | à jeun et travaillant. . . . . . . | 63 |
| | pendant la digestion et travaillant. . | 91 |

En résumé, pendant le sommeil : *amoindrissement* granulaire et calorique ; — au réveil : *activité* granulaire et calorique suffisante pour les manifestations fonctionnelles physiologiques ; — pendant le travail : *suractivité* granulaire et calorique, proportionnelle à l'intensité du travail. Dans ce dernier état, l'organisme est le siége d'une véritable congestion généralisée.

Étudions le mécanisme du *travail congestif*, dans un cas donné et physiologique. Soit la rougeur du visage occasionnée par certaines émotions.

Les impressions morales agissent sur le système nerveux à la façon des impressions physiques ; ainsi toutes les émotions agréables ou désagréables. Le système sympathique est celui qui les reçoit le plus fortement. Tout ce qui contrarie, tout ce qui enchante, et principalement tout ce qui surprend, donne à la force nerveuse une impression plus ou moins violente, dont l'effet est de produire la suractivité de cette force. Une fois la force mise en suractivité, ses transformations ultérieures sont forcées. Ces effets varient suivant les individus, suivant la mobilité vibratoire de leurs molécules caloriques.

Il y a donc tout d'abord force calorique première. Ici se reproduit le mécanisme de la circulation ; il n'y a de changé que le point de départ et l'intensité des phénomènes.

Dans un *premier temps :* force calorique première, — force vaso-motrice, — force granulaire première. Si la force calorique première était en activité physiologique ordinaire, la systole vasculaire et la force granulaire lui seraient proportionnelles et modérées. Mais la force initiale du phénomène étant en suractivité, les forces de transformation doivent l'être également. Bref, la force granulaire est exagérée, et elle produit, exagérée aussi :

Dans un *second temps :* la force calorique seconde. Celle-ci agit de dedans en dehors, produit un effet opposé à la première, détruit la contraction vasculaire, dilate les vaisseaux par une diastole excessive, et occasionne ainsi un afflux plus considérable de sang. La circulation est ralentie par cette force calorique seconde, exagérée, laquelle, non-seulement détruit la systole précédente, mais s'oppose aussi à la systole suivante qu'elle retarde. Par suite de l'afflux sanguin, les granulations intrà-vasculaires sont plus nombreuses dans un même espace donné, et leur force est augmentée à la fois par la calorique seconde et par leur propre nombre. C'est une force granulaire seconde. L'intensité de ces phénomènes est un obstacle à la propagation de la calorique seconde, qui se transforme là même en force granulaire. Celle-ci produit :

Dans un *troisième temps :* la force calorique troisième, qui se transforme sur place en un travail de sécrétion sudorale, et dont une portion se transmet par les tubes nerveux pour revenir former une nouvelle systole régulière, et reprendre le cours de la circulation physiologique.

Le travail congestif est accompli. C'est bien un travail pour les forces qui s'y développent successivement, et dont l'intensité croissante se résout finalement en une sécrétion.

Les pores de la surface cutanée sont comme autant de cheminées microscopiques par où s'échappe, sous forme de sueurs, la force calorique en excès. Ce sont de véritables soupapes de sûreté, dont le jeu ne peut être entravé sans inconvénient pour notre corps.

Dans quelques cas, l'impression plus vive produit un effet général; et alors, outre la congestion faciale, l'on éprouve une chaleur cuisante sur toute la périphérie, chaleur qui se termine par des sueurs équivalentes.

Cet effet congestif relève d'une impression morale toujours modérée. Lorsque cette impression est violente, la force calorique première acquiert une telle suractivité qu'elle produit une systole persistante, et se manifeste par la pâleur au lieu de la rougeur. Celle-là reconnaît une cause plus intense que celle-ci. Différence de la cause, différence de l'effet.

Il est même des cas où la violence de l'impression est telle qu'elle occasionne une mort foudroyante, par paralysie vibratoire de la force calorique.

La volonté n'est pas sans influence sur ces congestions faciales; mais c'est une influence indirecte. Il ne peut en être autrement entre deux systèmes différents. La volonté agit à la manière d'une révulsion représentant, quand elle est énergique, un point d'appel par suractivité des cellules intellectuelles, au détriment de la suractivité sympathique qui se déplace. L'impression morale est annihilée par la force intellectuelle.

Cette aptitude aux congestions faciales, suite d'impressions quelconques, caractérise un véritable *état nerveux* physiologique, limité au système ganglionnaire qui fournit aux vaisseaux de la tête ; mobilité nerveuse ayant sa source dans les molécules vibratoires des tubes, et probablement aussi des cellules, dont le noyau calorique aurait, dans les cas les plus rebelles à l'influence de la volonté, une insuffisance de ses propriétés normales.

Toutes les congestions de cet ordre méritent le nom générique de *congestions nerveuses,* produites par une *suractivité primitive de la force colorique ou nerveuse.* Il y a des congestions nerveuses physiologiques et pathologiques.

Il est un autre ordre de congestions qui mérite le nom générique de *congestions sanguines ;* différant des premières en ce qu'elles sont occasionnées par une *suractivité primitive de la force granulaire.*

Le mécanisme est :

1° Dans les congestions nerveuses :

| | |
|---|---|
| Temps de contraction. | force calorique première.<br>force vaso-motrice.<br>force granulaire première. |
| Temps de dilatation. . | force calorique seconde (afflux sanguin).<br>force granulaire seconde. |
| Temps d'élimination. | force calorique troisième.<br>travail de sécrétion ou hémorrhagique. |

2° Dans les congestions sanguines :

| | |
|---|---|
| Temps de contraction. | force granulaire première.<br>force calorique première.<br>force vaso-motrice.<br>force granulaire seconde. |

Temps de dilatation. } force calorique seconde (afflux sanguin).<br>force granulaire troisième.

Temps d'élimination. } force calorique troisième.<br>travail.

Le traitement n'est pas le même dans ces deux ordres de congestions ; et souvent ce qui fait disparaître les secondes entretient les premières.

Qu'on me permette de signaler en passant une petite remarque pratique, au fond très-importante. Dans les congestions nerveuses des poumons, il ne faut pas administrer de médicaments, quelque calmants qu'ils soient, sous forme de teinture : parce que la teinture contient de l'alcool qui s'élimine par les poumons, entretenant ainsi et même augmentent l'intensité du mal. Un praticien, oublieux de cette remarque, qui administrerait des teintures dans ces cas, pourrait être fort étonné et embarrassé de la résistance opiniâtre de certaines congestions pulmonaires.

La congestion mensuelle de l'utérus est un travail congestif physiologique, pouvant se faire tantôt sous le type nerveux, tantôt sous le type sanguin, suivant le tempérament des femmes. La plupart d'entre elles, interrogées à cet endroit, vous répondront que, quelques instants avant l'écoulement sanguin, elles éprouvent dans le ventre et profondément comme un *frémissement*, quelques-unes même une sensation de froid. Hé bien ! ce frémissement est l'indice de la contraction vasculaire exagérée, comme spamodique, qui répond à la force vaso-motrice : après quoi s'opère la diastole par la force calorique seconde, puis le travail ultime par la force calorique troisième. Ce travail est ici un travail hémorrhagique. Le temps de systole vasculaire peut s'accomplir dans le silence et les femmes n'en avoir aucune conscience. La sensation de ce phénomène est particulière aux tempéraments nerveux et aux congestions nerveuses, quoique possible et existant quelquefois dans les conditions opposées.

La fluxion stomacale de la digestion est encore un travail congestif physiologique. Le premier temps est ordinairement silencieux ; et le travail ultime est un travail de sécrétion spéciale (suc gastrique).

Y a-t-il une différence entre la fluxion et la congestion ? pas essentielle.

Pour moi, et d'après le sens étymologique, la fluxion est une congestion dont la force calorique troisième se résout sur place dans un travail de sécrétion éliminatoire, — et la congestion est une fluxion dont la force troisième ne se résout pas en un travail ultime, ou, si elle le fait, ce n'est pas en un travail de sécrétion éliminatoire. Avec cette définition, la fluxion dentaire serait le plus souvent une congestion dentaire ; et la congestion utérine une fluxion véritable.

Quelques considérations pratiques trouveront ici une place méritée. Les extrémités du grand sympathique qui accompagnent les capillaires cutanés sont exposées au contact de tous les agents extérieurs et en éprouvent des modifications. Toute pression, tout corps malpropre, tout contact irritant quelconque, impressionnent la force calorique des tubes sympathiques, la met en suractivité, et par ses transformations devient l'occasion de petites congestions cutanées. Mille papules se forment ainsi, particulièrement à la face. Les acnés sont souvent consécutifs à des causes irritantes extérieures, et ils se terminent par un travail de sécrétion sébacée. De là résulte la nécessité de l'hygiène périphérique, des lotions et des bains.

Le travail congestif est la base de toutes les modifications organo-dynamiques. Il nous représente l'union intime des forces granulaire et calorique dans les principales transformations de la vie. Il nous montre que la force vitale engendre la force nerveuse, et que celle-ci à son tour entretient celle qui lui a donné naissance. Il nous fait comprendre que ces deux forces ne sauraient être l'une sans l'autre. La haute importance de ce travail justifie les détails qui précèdent.

---

# CHAPITRE X.

## Du travail de sécrétion.

Si sur un lapin vous coupez au cou, au niveau du ganglion cervical supérieur, le grand sympathique (Claude Bernard), vous voyez bientôt se manifester, sur l'oreille du même côté, une tuméfaction vasculaire, avec élévation de température. C'est un travail congestif, produit par le mécanisme ordinaire, dont le point de départ seul est différent. C'est l'hypérémie neuro-paralytique de Schiff, occasionnée par la cessation d'action du grand sympathique, ce nerf de la contraction vasculaire. La force vaso-motrice étant interrompue, la force calorique seconde est toute-puissante ; elle dilate les vaisseaux et attire un afflux sanguin considérable. La force calorique troisième se transforme en un travail de sécrétion, dans la plupart des cas. Lorsqu'elle ne le fait pas sur place, c'est qu'elle est reprise par les tubes nerveux et disséminée en d'autres organes, où elle s'épuise en petites transformations successives, au lieu de le faire tout d'une fois en un travail équivalent.

Pour vous convaincre qu'il n'y a pas là qu'une simple élévation de température, due à une plus rapide combustion respiratoire, mais bien une véritable force calorique en suractivité ; — prenez cette autre expérience, où le plexus solaire et les ganglions semi-lunaires ayant été extirpés sur des chiens, des chats ou des lapins (Pincus et Samuel), on a constaté, outre l'injection de la muqueuse digestive, des épanchements sanguins sous-muqueux ; — cette autre analogue de Budge où il se produisit de la diarrhée ; puis celle sur des chevaux de Colin, où, le grand sympathique ayant été coupé à la partie supérieure du cou, le côté correspondant de la face et de l'encolure fut baigné de sueurs abondantes.

Tous ces résultats d'expériences physiologiques, inexplicables par la seule théorie de la chaleur animale, ne le sont plus avec celle de la force calorique. Ce sont autant de travaux accomplis par cette force en suractivité congestive ; car, bien que le point de départ de la congestion diffère de celui de la congestion physiologique, les phénomènes consécutifs sont identiques.

L'excitation du pneumo-gastrique augmentant la

sécrétion glycogénique du foie; celle du maxillaire inférieur, la sécrétion salivaire ; celle de la muqueuse stomacale, le suc gastrique, etc... sont autant de phénomènes qui se réalisent en vertu de la même force et par le même mécanisme.

Dans ces exemples, la congestion se produit par le mécanisme des congestions nerveuses, où il y a suractivité initiale de la force calorique. Mais, dans les cas de section nerveuse, la calorique première, suractivée par la douleur et n'étant plus en rapport avec sa force génératrice, la granulaire sanguine, engendre, suivant la loi connue, une calorique seconde telle que, ne rencontrant plus l'antagonisme de la force systolique, il en résulte une diastole considérable et prolongée.

Peut-être quelques esprits ne voudront-ils voir, dans les épanchements et sécrétions des expériences précitées, que des phénomènes purement passifs, et résultant d'une tension exagérée du sang contre les parois qui l'emprisonnent? Cette opinion aurait, comme premier tort fondamental, de supposer les sécrétions toutes formées dans le sang. En outre, si les sécrétions sont de simples épanchements de liquides par pression mécanique et rupture vasculaire, elle n'expliquerait pas comment, au lieu d'être de même nature, elles ont toutes des caractères différentiels? Au surplus, qu'est-ce qu'une tension contre les parois vasculaires, si ce n'est une force? Ne faut-il pas une force vraie pour triompher tantôt de la petitesse des pores capillaires et de la loi de capillarité, tantôt de la résistance totale des parois qui se rompent?

La force calorique étant par elle-même indifférente à la modalité de ses travaux, c'est dans les phénomènes intimes des tissus sécrétants que nous devons chercher la cause différentielle des sécrétions.

Les sécrétions, tant physiologiques que pathologiques, résultent, je l'ai déjà dit, d'une *conjonction vasculo-cellulaire*, où les forces vives intra-vasculaires se marient aux forces intra-cellulaires.

Deux ordres d'éléments entrent dans la composition d'une sécrétion : l'élément séreux, d'origine vasculaire, chargé d'une plus ou moins grande quantité de sels; et l'élément organique, caractéristique de chaque sécrétion, variable pour chacune d'elles, d'origine cellulaire : diastase pour la salive, pepsine pour le suc gastrique, spermatozoïdes pour le sperme, beurre pour le lait, etc, etc...

Dans une sécrétion donnée, on peut juger, par la proportion des éléments cellulaire et séreux, celle des sources vasculaire ou cellulaire qui prédomine dans la conjonction de leurs forces.

A l'état normal, en dehors de toute cause excitante, la sécrétion presque nulle de beaucoup de glandes atteste le repos relatif, l'inaction momentanée de leurs mouvements vitaux. Sous l'influence d'une stimulation quelconque, le liquide sécrété devient plns abondant, d'abord clair, ensuite de plus en plus épais et visqueux.

Quelques exemples vulgaires feront facilement comprendre cette vérité. La salive entre les repas est rare, mais le peu qui en est fourni est épais et visqueux. Tout corps excitant déposé dans la bouche augmente cette sécrétion, et la rend plus claire ; elle est parfois limpide comme de l'eau.

La sécrétion spermatique est d'autant plus épaisse que les rapprochements sexuels sont plus rares, et d'autant plus aqueuse qu'ils sont plus fréquents.

L'urine, sécrétée instantanément à la suite d'une émotion, est plus aqueuse que de coutume. La diarrhée survenant dans les mêmes conditions est de nature séreuse.

Plus la conjonction vasculo-cellulaire est complète, plus épaisse et plus visqueuse est la sécrétion. Plus cette conjonction est rapide et incomplète, plus claire et plus aqueuse est la sécrétion. Dans le prémier cas, les éléments sont fournis en juste proportion par les deux départements dont les forces se réunissent ; dans le second, l'eau prédominante atteste que les forces vasculaires ont principalement concouru à la production de la sécrétion. Quelquefois elles y concourent toutes seules, fournissant des sécrétions toutes séreuses, ce qu'on appelle des flux en pathologie.

Il semble que la conjonction vasculo-cellulaire demande un certain temps pour son accomplissement parfait. Si donc vous excitez un organe sécréteur, il faudra nécessairement que la force calorique troisième que vous occasionnez se transforme en un travail. Répondant aussitôt à votre appel, elle donnera un travail de sécrétion séreuse.

Toute impression, mettant en suractivité la force calorique dans les tubes sympathiques, devient par elle l'occasion d'un travail congestif, dont le siége varie suivant la cause impressionnante. L'impression produite par un mot délicieux développe le travail congestif des glandes salivaires et de l'estomac ; celle produite par la colère, celui du foie ; celle par la crainte, celui des reins ou des intestins. C'est, bien entendu, dans tous ces cas, un travail congestif physiologique. Quoiqu'il en soit, la force calorique troisième, instantanément mise en activité, doit se transformer de suite en un travail de sécrétion ultime. La marche des phénomènes est trop rapide et trop brusque, pour que la conjonction vasculo-cellulaire soit satisfaite. La vitalité cellulaire est moins active que la vitalité sanguine ; ses mouvements sont moins énergiques, moins précipités ; mais par contre ils sont moins prompts à s'éteindre, gagnant en durée ce qu'ils perdent en rapidité. Bref, dans les premiers moments d'une excitation glandulaire, les forces intra-cellulaires n'ayant pas le temps de se marier en juste proportion aux forces intra-vasculaires, la calorique troisième sanguine accomplit à elle seule presque toute la sécrétion initiale, dont la nature plus ou moins séreuse témoigne de son origine.

Si une sécrétion est plus aqueuse en son principe, sous l'influence d'une violente stimulation qui réclame un travail immédiat, il est remarquable aussi que, chez les personnes affaiblies, anémiques ou cachectiques, et chez tout le monde momentanément à la suite d'une répétition trop fréquente d'une même sécrétion, le liquide fourni soit plus séreux, et perde sa viscosité en raison de son abondance. Ainsi le sperme dans ces conditions.

De même que dans la période initiale, la consistance séreuse de la sécrétion s'explique ici par une conjonction vasculo-cellulaire incomplète, mais pour un autre motif. Chez les anémiques, les granulations vitales sanguines n'ont plus assez de force ni d'activité attractive, pour satisfaire pleinement aux exigences du mariage cellulo-vasculaire. A la suite de sécrétions trop abondantes, on peut invoquer la même cause, par anémie locale, sans négliger néanmoins la fatigue et l'épuisement des granulations cellulaires. La vitalité est amoindrie, momentanément, dans ces deux départements organiques. Cause moindre, moindre effet. Mais sécrétion aqueuse d'autant plus considérable que l'anémie, locale ou générale, est plus prononcée, en vertu de l'antagonisme précédemment expliqué qui existe entre la séreuse vasculaire et les granulations sanguines, relativement à leur fonction réciproque.

Ces phénomènes démontrent clairement l'indifférence de la force calorique à la modalité de ses travaux. Dans le sang, cette force, provenant toujours d'un même support, donne une sécrétion identique, la sérosité. Comme ce liquide vivant pénètre dans toutes les glandes et leur prête son concours, il y a nécessairement de l'eau comme élément constituant de toute sécrétion. Mais chaque glande ayant son tissu particulier, ses cellules spéciales, de celles-ci dépendent les autres éléments des sécrétions, qui varient dans chacune d'elles comme dans chaque glande les cellules composantes. *La modalité de la sécrétion dépend de la nature des tissus sécrétants.* Des modifications de nature et de groupement moléculaire expliquent toutes ces différences.

Les inflammations des muqueuses, telles que le coryza, rentrent tout-à-fait dans ce mécanisme des sécrétions. Au début, le travail congestif très-intense produit, de suite et presqu'à lui seul, une sécrétion séreuse abondante ; plus tard, les forces intrà-cellulaires ayant eu le temps de se marier en légitime proportion aux intrà-vasculaires, les mouvements des deux départements ayant eu le temps de s'harmoniser, la sécrétion devient épaisse et visqueuse, preuve que l'inflammation a diminué d'intensité ; car, dans la première période, non-seulement la vitalité cellulaire n'a pas pu se développer aussi rapidement que l'autre, mais elle était impuissante à s'élever à une aussi grande suractivité. La viscosité de la sécrétion, témoignant de la participation cellulaire, marque donc une moindre intensité du travail congestif.

Le sang fait l'état aigu ; la cellule, l'état chronique.

Il est des cas où la sécrétion présente une viscosité extrême, à tel point que, si elle est dans les bronches ou la gorge, il est difficile de l'en détacher. Cette exagération d'un effet annonce celle de sa cause. Elle peut se présenter dans deux circonstances diverses ; — soit lorsque les forces vives du sang ont une suractivité excessive mariée à une suractivité cellulaire aussi grande que possible ; — soit lorsque, les forces du sang étant relativement faibles, la sécrétion est produite presque totalement par les cellules qui ont atteint leur maximum de suractivité.

Le premier cas est propre à certaines inflammations violentes.

Le second est un phénomène de l'agonie, où le sang, mourant par degrés, laisse aux cellules une vitalité de compensation, qui se tourne finalement à leur détriment par un épuisement trop rapide ; résultat de l'antagonisme précédemment signalé entre les départements cellulaire et vasculaire, et phénomène qui, étant contraire aux lois de la conjonction cellulo-vasculaire, est toujours d'ordre pathologique.

Dans les agonies, les crachats ne peuvent être expulsés tant à cause de leur viscosité qu'en raison de la moindre force motrice musculaire.

Dans certaines agonies prolongées, comme celles de la phthisie pulmonaire, ou de la fièvre typhoïde, les phénomènes sont plus complexes, en ce sens que, par endroit, l'on observe des morts cellulaires locales qui semblent contredire l'opinion de la suractivité cellulaire *in extremis*. La complexité est réelle et tient à la détérioration extrême de l'organisme. L'équilibre vital est rompu ; il y a suractivité cellulaire ici; là, amoindrissement. Ajoutez à cela la compression de certaines parties du corps comme cause de mort locale.

Quel est le mécanisme intime de la conjonction

cellulo-vasculaire dans les sécrétions? Quel est le rôle de chaque ordre des granulations vitales?

Inutile de répéter que la sérosité des sécrétions, identique au sérum du sang, n'est pas le produit des granulations sanguines, puisque j'ai déjà dit qu'elle l'était de la séreuse vasculaire.

Sous l'influence de l'excitation glandulaire, il se forme un travail congestif qui fait momentanément de l'organe impressionné un centre de suractivité vitale. Les vaisseaux se gonflent, le sang afflue, les granulations se multiplient, leurs mouvements se précipitent, la force calorique s'en dégage plus intense.

La force calorique, troisième du travail congestif, a pour premier effet, dans ce conflit de supports vitaux, de favoriser l'issue de la sérosité au travers des pores vasculaires qu'elle dilate. C'est le premier temps de la sécrétion, où la conjonction cellulo-vasculaire, se préparant mais non encore effectuée, est encore impuissante à fournir son élément caractéristique. Le sérum sanguin s'écoule, chargé de sels plus ou moins nombreux.

Peu à peu, les granulations du sang, concentrées le long des parois vasculaires, communiquent, après avoir élevé la vitalité locale au maximum physiologique, leur suractivité aux granulations cellulaires; lesquelles, pour répondre à cette invitation attractive, tendent à s'harmoniser dans un déploiement proportionnel de forces vives. Comme les premières, elles se concentrent sur les parois des cellules du côté correspondant aux vaisseaux. Ainsi rapprochées à leur minimum de distance, séparées seulement par de minces parois qui, loin de s'opposer à leur influence réciproque, la favorisent dans les conditions voulues, les granulations vitales des capillaires et des cellules confondent leur force dans un embrassement fonctionnel, et se préparent à consommer un mariage de vitalité physiologique.

Les capillaires distendus se gonflent davantage, les parois qui seules séparent les deux départements vitaux se joignent, leurs pores se dilatent, et la force calorique du sang pénètre insensiblement dans l'enceinte cellulaire où, rencontrant de nouvelles granulations motrices, elle produit, par sa transformation en force vive de locomotion, un redoublement dans la force granulaire des cellules.

Ces deux vitalités voisines s'excitent par leur contact ; celle des cellules, vitalité femelle, s'accroît de l'excédant que celle du sang, vitalité mâle, éjacule lentement en son sein. Recevoir fait l'ivresse de la cellule ; donner et être accueilli, l'ivresse du sang.

La conjonction vasculo-cellulaire atteint son apogée.

Des capillaires jaillit la source de cet embrassement physiologique, qui se doit terminer par un enfantement de même ordre. Les granulations sanguines, d'une vitalité plus active, sont le foyer d'où rayonnent les forces, et représentent pour les granulations cellulaires un centre nouveau d'attraction, à la façon de leur noyau.

Comme, dans l'enceinte d'une cellule, les granulations, régies par leurs attractions réciproques, gravitent autour des nucléoles ; comme granulations et nucléoles gravitent ensemble autour du noyau ; ainsi, dans le mariage d'une sécrétion, les attractions cellulaires gravitent vers les attractions intrà-vasculaires. Telle on voit dans l'univers la gravitation des planètes autour de leur soleil, et telle la gravitation des systèmes solaires entre eux.

A mesure que ces vitalités s'échauffent par les mouvements de leurs supports, la force calorique se dégage plus puissante, plus active, pour concourir à la production du travail de sécrétion.

C'est alors que celle-ci apparaît, véritable enfantement physiologique, travail ultime où vient résoudre sa suractivité la force calorique mixte, qui résulte de la conjonction cellulo-vasculaire.

Le temps exigé par l'achèvement de cette conjonction donne raison de la différence qui existe entre les deux périodes d'une sécrétion ; différence inégalement appréciable dans les cas physiologiques, plus marquée dans certaines inflammations, comme le coryza, où la vitalité cellulaire atteint un niveau plus élevé.

Toute sécrétion n'a pas pour caractère d'être épaisse et visqueuse. Sa consistance dépend de son principe organique propre, et peut être à peu près la même dans les deux périodes, malgré une différence dans les éléments constituants. Que l'impression du froid vienne exciter les glandes rénales, l'urine, instantanément produite, est plus aqueuse que celle du matin, par exemple. Il est connu que le premier lait sécrété est moins chargé de beurre. Quant au sperme, bien que les choses ne puissent se passer autrement, il est plus difficile d'apercevoir la différence des deux périodes, attendu que celui qui sort le premier provient d'un réservoir, les vésicules séminales, où il séjournait depuis un temps variable, et non des glandes testiculaires elles-mêmes.

Pendant que d'une part se prépare et s'effectue la fusion des vitalités cellulo-vasculaires, la force calorique sanguine est, je l'ai dit, d'autre part employée à la sortie de la sérosité du sang au travers des pores vasculaires qu'elle dilate.

A mesure que les granulations sanguines sont de plus en plus accaparées par la conjonction cellulo-vasculaire, leur force calorique, pénétrant en plus grande partie dans l'enceinte des cellules, favorise d'autant moins l'exhalation séreuse, et la sécrétion, suivant les cas, devient plus visqueuse, ou du moins se perfectionne par l'addition de son élément caractéristique, d'origine cellulaire. Il y a détournement de la force calorique d'une transformation vers une autre, de la sécrétion aqueuse du sang, qui continue cependant, mais en de moindres proportions, vers la sécrétion proprement dite de la glande. Ce n'est pas la sérosité du sang qui s'épaissit d'elle-même dans la seconde période ; son support étant stable (séreuse vasculaire), elle l'est également ; la différence de consistance a pour double origine et la diminution de l'exhalation séreuse et l'adjonction d'éléments cellulaires.

Pour résumer tout ce qui précède, je dirai que le travail de sécrétion est la résultante des forces vives cellulo-vasculaires en conjonction fonctionnelle ; et que sa consistance dépend de la participation plus ou moins grande de l'une ou de l'autre. C'est le terme d'un travail congestif, la mort d'une force vive, l'extinction d'un foyer vital, l'enfantement de deux vitalités confondues ; en sorte qu'une congestion est guérie, dont la force calorique troisième s'est transformée en travail de sécrétion, et dont la cause occasionnelle ne se reproduit pas.

La sécrétion est si bien un travail qui consume de la *chaleur*, que son exagération prolongée abat les forces générales, amoindrit l'intelligence, refroidit la périphérie et amaigrit le corps. Un flux quelconque, salivaire, diarrhéique, sudoral, lorsqu'il atteint de trop grandes proportions, est infailliblement suivi d'anémie, d'appauvrissement du sang, et des forces vitale et nerveuse qui en naissent.

Lorsqu'un organe violemment enflammé se guérit par une sécrétion abondante, ce qu'on appelle une crise, il n'en résulte pas toujours de l'affaiblissement; car le travail d'élimination n'a dépensé, en définitive, que l'excès de forces vives qui entretenait l'inflammation. Il est cependant des cas où la sécrétion critique est tellement forte et générale qu'il s'ensuit une grande faiblesse, comme il arriva chez le malade de Duncan, qui guérit d'un phlegmon diffus par des sueurs profuses.

Cette opinion des crises, résolutives d'une douleur, d'un engorgement, d'une inflammation, est si bien dans l'esprit de tout le monde, qu'il est d'usage vulgaire de se faire suer au début d'une foule de maladies, avant même de prendre avis du médecin. Et il est impossible de nier le bon effet qu'on en retire très-souvent.

Exciter une sécrétion pour guérir une maladie est le mode de traitement le plus simple, et en même temps le plus naturel.

Vous avez une suractivité de forces vives, détruisez-la par un travail équivalent, éliminatoire.

---

## CHAPITRE XI.

### Quelques mots sur les lois des transformations physiologiques des forces vives organiques.

Il est une grande loi physiologique qui domine toutes les autres et règle les transformations des forces. C'est la *loi de compensation*. On peut l'énoncer ainsi :

« *Les divers organes de l'économie sont en équilibre de travail. La rupture de cet équilibre se traduit ici par un travail en plus, là par un travail en moins.* »

Cette rupture d'équilibre est quelquefois compatible avec la santé. Personne n'ignore, par exemple, la diurèse remplaçant dans les temps humides la sécrétion cutanée. La force calorique, empêchée de se transformer à la périphérie, se porte au centre, choisissant un organe d'élimination dont la puissance soit équivalente de celle de la peau.

Lorsque, chez un individu, une fonction est prédominante, les autres subissent une diminution correspondante. Les hommes qui excellent par la force musculaire n'ont, généralement, qu'une intelligence ordinaire. Par contre, les hommes adonnés à des travaux intellectuels supérieurs sont faibles de corps, inhabiles aux travaux manuels. Les femmes nerveuses n'ont qu'une force intellectuelle et une force motrice peu énergiques. Qu'on ne se méprenne pas sur ma pensée. Je ne mets en antagonisme que les suractivités ; et je dis que le génie n'habite pas le corps d'un athlète, non plus que celui d'une femme nerveuse ; ce qui n'empêche pas l'athlète, et la femme vaporeuse, d'avoir quelquefois beaucoup de talent et au moins une grande dose de bon sens. Les extrêmes seuls sont incompatibles, sous peine de rompre l'harmonie physiologique.

Qui plus est, on a vu des fanatiques insensibles à la douleur, des martyrs braver les plus cruelles tortures, en chantant la gloire de leur Dieu. Ces prodiges trouvent leur explication dans l'antagonisme des suractivités, dans l'incompatibilité des extrêmes. Le fanatisme n'étant autre chose qu'une suractivité excessive de la force intellectuelle, et la concentration de cette force vers une idée fixe, il n'est pas étonnant qu'il rende le corps insensible aux impressions extérieures. Chaque jour dans les hôpitaux d'aliénés, l'on voit des exemples pareils : des fous, surexcités par le délire, se faire eux-mêmes de cruelles blessures sans aucune souffrance. Ce n'est plus ici du fanatisme, il est vrai, mais le mécanisme est identiquement le même.

Sans doute qu'il y a une grande différence entre le fanatisme et la folie. Le premier est un état physiologique ; la folie est un état pathologique. Celle-ci est fatale, indépendante de la volonté ; l'autre est volontaire. Le fanatisme peut être admirable. La folie ne saurait l'être en aucune circonstance. Mais il faut reconnaître que le fanatisme peut conduire à la folie, et que bien des fanatiques sont des fous.

On peut formuler la loi de compensation d'une autre manière, et l'on a une véritable *loi d'antagonisme* physiologique :

« *La force calorique ne peut accomplir un double travail exagéré, d'égale intensité.* »

Enfin il est une *loi d'élimination* physiologique, en vertu de laquelle :

« *La force calorique en suractivité physiologique se doit transformer et résoudre en un travail extérieur ou d'élimination, sous peine d'incommoder l'organisme.* »

Cette loi non satisfaite est un des nombreux points

de contact qui relient l'état physiologique à l'état pathologique. Un travail intellectuel prolongé, toujours suivi de *mal à la tête,* nous en fournit un exemple commun.

## CHAPITRE XII.

### Résumé.

O grandeur du mécanisme de la vie ! ineffable beauté d'une science divine ! Vos attraits captivent mon intelligence et l'élèvent au-dessus des choses terrestres. Heureux l'homme qui d'un tel idéal fait l'occupation et le bonheur de sa vie! il y puise la force morale et le mépris des petitesses humaines.

Grand Dieu ! Ranime mon esprit, de peur qu'il se fatigue en un tel enfantement ; et soutiens son vol à la hauteur du sujet !

La vie animale est la réunion de deux vies, celle du corps et celle de l'âme ; soudure mystérieuse où deux êtres différents, l'un temporaire, l'autre durable, l'un changeant, l'autre fixe, se prêtent mutuelle assistance jusqu'à l'époque de leur disjonction.

A un point de vue général, le corps est indifférent

à sa modalité ; sa forme est contingente ; sa vie, une succession de métamorphoses. Il n'a pas d'individualité nécessaire.

La vie de l'âme est une et toujours la même ; sa forme absolue ; son individualité permanente et nécessaire.

La vie complexe de l'animalité, telle que je viens de l'étudier dans ses manifestations physiologiques, est une série de transformations de forces vives. La mort est un déplacement de ces forces.

Flourens a dit avec raison que la vie est caractérisée par deux ordres de choses : la mutation continuelle de la matière et la permanence des forces.

Des supports actifs et des forces qui en naissent, voilà les éléments de la vie ;

Supports granulaire et moléculaire pour le corps, engendrant la force vitale et la force calorique ; support atomique pour l'âme, engendrant la force intellectuelle.

Le sang, les cellules organiques et les cellules nerveuses, sont les trois résidences des supports vitaux, où ils exécutent leurs mouvements, produisent leur force et accomplissent leurs travaux.

Dans le sang sont répandues, innombrables et invisibles, des granulations vitales et des molécules caloriques. Dans les cellules organiques, des granulations et des molécules analogues, celles-ci seules demeurant invisibles. Dans les cellules nerveuses, des granulations vitales, des molécules caloriques, et des atomes intellectuels, les premières seules visibles au microscope.

Et comme tout dans notre organisme est sang ou cellule, il en résulte que tout notre corps n'est qu'un assemblage de supports vitaux, et que nulle part les forces ne font défaut à l'entretien de la vie.

Les cellules nerveuses seules, ou plus exactement les cellules cérébrales seules renferment les trois ordres de supports vitaux, bien qu'en réalité le sang représente la source la plus féconde de la vie.

Entre le foyer primitif et les foyers secondaires existent des tubes conducteurs, qui relient entre elles les diverses circonscriptions vitales ; ce sont les tubes nerveux où l'on ne rencontre qu'un seul ordre de support : les molécules de vibration.

La Vitesse est le premier terme de la vie, qui lui donne pour *support* les granulations motrices, et pour *force* leur attraction et leur locomotion ; c'est la force vitale, force-mère d'où découlent tous les phénomènes.

L'essence d'une force vive étant de ne jamais se détruire sans donner naissance, par transformation équivalente, quelle que soit la nature des supports, à une autre force vive ou à un travail, la force vitale, sans cesse produite et éteinte dans les mouvements granulaires, engendre la force calorique.

La CHALEUR est le second terme de la vie, qui lui donne pour *support* des molécules, et pour *force* leur vibration. C'est la force calorique ou nerveuse, fille de la force vitale. Le mouvement vibratoire est engendré par le mouvement de locomotion. Le premier naît de la mort du second. La chaleur s'allume quand la vitesse s'éteint. L'activité du système nerveux relève de celle du sang.

La force calorique, une fois engendrée, sert à l'entretien de la force vitale sa génératrice. Dans le cours de la vie, ces deux forces se transforment indifféremment l'une dans l'autre. Aussi peut-on, par elles deux, ranimer le flambeau presque éteint de l'existence. Dans les cas urgents on agit de préférence sur la calorique, en raison de sa plus grande impressionnabilité et de sa rapidité de diffusion.

La force vitale naît et meurt dans le sang (je néglige ici les cellules) ; elle se développe et se transforme sur place ; elle a pour berceau et pour tombe tout le système circulatoire.

La calorique qui en émane a pour mission de se répandre dans tout l'organisme, de communiquer l'impression vitale à tous les tissus. C'est la force par excellence de diffusion et de transformation. Deux voies lui sont ouvertes : le système sympathique et le système cérébro-spinal. Par le premier elle revient à son point de départ, entretient la circulation et la force granulaire elle-même. Elle préside au travail congestif, aux sécrétions ; à la fièvre dans l'ordre pathologique, à l'iflammation et aux flux. Le grand sympathique est le système nerveux de la vie du corps.

Dans le système cérébro-spinal la force calorique rencontre l'AME, troisième terme de la vie animale, qui lui donne pour *support* des animatomes et pour *force* leurs mouvements. C'est la force intellectuelle, ayant son activité intrinsèque, mais pouvant aussi se développer par transformation de la calorique.

Le mouvement granulaire se tourne en vibration moléculaire, celle-ci en mouvement atomique. Ce decrescendo matériel est un crescendo de forces. La vie atomique est supérieure à la moléculaire, comme celle-ci à la granulaire. C'est la plus haute expression vitale.

Dans le système nerveux il y a deux ordres de cellules : des *cellules caloriques* servant uniquement à l'amplification et à la réflexion de la force vibratoire, ayant pour siége les ganglions sympathiques, la moelle et l'encéphale, — des *cellules intellectuelles* qui appartiennent exclusivement au cerveau. Ces dernières, outre les granulations et les molécules, et parmi elles, renferment les animatomes. Elles sont le réceptacle de l'âme. C'est dans ces cellules que la force calorique se transforme en force intellectuelle.

L'âme communique avec le corps par l'intermédiaire de la force calorique, qui lui porte l'impression que l'intelligence transforme en sensation, et qui ensuite continue sa progression vibratoire, portant alors aux muscles l'impression des animatomes, en vertu de laquelle leurs mouvements sont volontaires, c'est-à-dire en rapport de concordance avec les idées produites.

Le système encéphalo-rachidien est le système nerveux qui réunit l'âme au corps.

Si ces forces, en activité continuelle dans l'organisme et se transformant sans cesse l'une dans l'autre, n'avaient aucun moyen de se détruire sans renaître de leurs cendres, il en résulterait une telle surabondance que la machine animale périrait par excès de vitalité. Elle éclaterait, sinon dans sa masse, du moins dans ses éléments vasculaires; les vaisseaux qui sont la véritable chaudière de l'organisme se rompraient; et la mort serait immédiate. Il n'en est pas ainsi.

Les forces vives organiques peuvent s'éteindre,

d'une manière définitive, par divers travaux qu'elles accomplissent (ceci ne s'applique qu'aux forces du corps). Ces travaux organiques sont les sécrétions, qui se font toujours d'après la loi d'équivalence.

Le système sympathique conduit la force calorique à ces travaux ultimes et d'élimination. Le cérébro-spinal ne conduit à aucune sécretion. De cette différence essentielle provient la gravité plus grande d'une suractivité calorique dans le système non éliminateur. La force qui ne peut s'éteindre tend sans cesse à s'accroître. Dans les conditions physiologiques il n'y a nul danger, parce que la force calorique du système encéphalo-rachidien se transforme dans des travaux *extérieurs*, ou bien se jette dans le sang et vient prêter un faible concours à l'entetien de la circulation.

Les convulsions et le délire sont plus à craindre que la fièvre, d'une manière générale, parce que celle-ci est une suractivité calorique qui se termine naturellement par un travail d'élimination, ce que ne font pas les deux autres.

Les deux grandes voies d'élimination des forces organiques sont : le tégument cutané et le tégument muqueux.

En dernier résumé :

- **Foyer vital.**
  - sang, — cellules.
  - premier terme de la vie : *vitesse*;
  - support : granulations organiques.
  - force vive : force de locomotion granulaire.
- **système de propagation et de transformations.**
  - système nerveux.
  - second terme de la vie : *chaleur*.
  - troisième terme de la vie : *âme*.
  - chaleur
    - support : molécules nerveuses.
    - force vive : force de vibration calorique.
  - âme
    - support : animatomes.
    - force vive : force atomique intellectuelle.
  - système
    - éliminateur
      - grand sympathique.
      - circulation, vie du corps.
    - non éliminateur
      - cérébro-spinal.
      - union de l'âme et du corps
- **Voies d'élimination.**
  - peau / muqueuses
    - travail de sécrétion.

FIN DE LA PREMIÈRE PARTIE.

# TABLE DES MATIÈRES

## CONTENUES DANS LA PREMIÈRE PARTIE.

## CHAPITRE PREMIER.

### Des forces vives.



## CHAPITRE SECOND.

### De la force calorique et de la force nerveuse.



## CHAPITRE TROISIÈME.

### Des mouvements dans l'organisme.

## CHAPITRE QUATRIÈME.

### De la trinité cérébrale.



## CHAPITRE CINQUIÈME.

### Intelligence et sensibilité.

## CHAPITRE SIXIÈME.

**De la motilité.**



## CHAPITRE SEPTIÈME.

**Du sommeil.**



## CHAPITRE HUITIÈME.

**Du grand sympathique.**



## CHAPITRE NEUVIÈME.

**Du travail congestif.**

## ON TROUVE A LA MÊME LIBRAIRIE


CASTAN, professeur agrégé à la Faculté de Médecine de Montpellier, etc. **Traité élémentaire des Diathèses.** Paris, 1867. 1 vol. in-8°, de 467 pages . . . . . . 6 »

DUPUY (Paul). **Transformation des forces,** chaleur et mouvement musculaire, unité des phénomènes naturels. In-8° de 70 pages, 1867. . . . . . . . . . . . 2 »

FORGET. **De l'utilité des observations météorologiques.** Paris, 1854. In-8° de 19 pages. . . . . » 50

DEHOUX. **Du mouvement organique et de la synthèse animale.** Paris, 1861. In-8° de 132 pages. . . 2 50

DUPUY (Paul). **Essai critique et théorique de philosophie médicale.** Paris, 1864. In-8° de 414 pages. 6 »

GRIESINGER, professeur de clinique médicale et de médecine mentale à l'Université de Berlin. **Des maladies mentales et de leur traitement.** Ouvrage traduit de l'allemand sous les yeux de l'auteur par le docteur Doumic, ouvrage précédé d'une classification des maladies mentales et suivi d'un travail sur la paralysie générale, accompagné de notes par M. le docteur Baillarger, médecin de la Salpêtrière, membre de l'Académie de médecine. 1 vol. in-8°. Paris. 1868. . . . . . . . . 9 »

HARDY, professeur, chargé du cours de clinique des maladies de la peau à la Faculté de médecine de Paris, médecin de l'hôpital Saint-Louis, etc. **Leçons sur les maladies de la peau,** rédigées et publiées par MM. les docteurs Moysant, Garnier et Lefeuvre. 3 vol. in-8° réunis en 1 vol. cartonné à l'anglaise. Paris, 1864-1868 . . . 12 50

*On vend séparément :*

HARDY. **Leçons sur la scrofule et les scrofulides, sur la syphilis et les syphilides,** rédigées et publiées par le docteur Jules Lefeuvre, revues par le professeur. 1 vol. in-8. Paris, 1864. . . . . . . . . . 4 »

JACCOUD. **De l'organisation des Facultés de Médecine en Allemagne.** Rapport présenté à son Excellence le ministre de l'instruction publique le 6 octobre 1863. 1 vol. in-8° de 175 pages. Paris, 1864. . . . . 3 50

JACCOUD. **Leçons de clinique médicale,** faites à l'hôpital de la Charité 1 fort vol. in-8° de 878 pages, avec 29 figures et 11 planches en chromo-lithographie. 1867. 15 »

ROUYER. **Études médicales sur l'ancienne Rome,** Les bains publics de Rome, les magiciennes, les philtres, etc. ; l'avortement, les eunuques, l'infibulation, la cosmétique, les parfums, etc. Paris, 1859. 1 vol. in-8°. . 3 50


Versailles. — Imprimerie de BEAU, rue de l'Orangerie, 36.

BIBLIOTHEQUE NATIONALE DE FRANCE

www.ingramcontent.com/pod-product-compliance
Ingram Content Group UK Ltd.
Pitfield, Milton Keynes, MK11 3LW, UK
UKHW021055230726
13926UKWH00004B/1860

9 782013 553438